建筑室内装饰设计方法与实例

李记荃　李远达　吴蒙友　编著

中国建筑工业出版社

图书在版编目（CIP）数据

建筑室内装饰设计方法与实例/李记荃，李远达，
吴蒙友编著. —北京：中国建筑工业出版社，2013.3
ISBN 978-7-112-15103-5

Ⅰ．①建… Ⅱ.①李… ②李… ③吴… Ⅲ.①室内装
饰设计 Ⅳ.①TU238

中国版本图书馆CIP数据核字（2013）第028282号

责任编辑：马 彦
责任校对：陈晶晶 赵 颖

建筑室内装饰设计方法与实例
李记荃 李远达 吴蒙友 编著

*
中国建筑工业出版社出版、发行(北京西郊百万庄)
各地新华书店、建筑书店经销
中新华文广告有限公司制版
北京盛通印刷股份有限公司印刷厂印刷
*
开本：880×1230毫米 1/16 印张：$10\frac{1}{2}$ 字数：300千字
2013年8月第一版 2013年8月第一次印刷
定价：**88.00元**
ISBN 978-7-112-15103-5
（23186）

前言 / PREFACE

　　光、色彩、材料是建筑装饰设计的重要组成部分，是艺术，也是科学。对任何建筑室内装饰而言它都是其设计成功的基础。众所周知，建筑室内装饰特征首先依赖的是光。材料受光的影响很大，当光被结构的表面或棱角反射时，给予我们对这些反应的信息，光能使室内装饰色彩明亮清新，也能使它沉闷暗淡，光使我们能正常工作，没有光是无法谈论室内装饰设计的。由此可见，照明或者说光的正确运用应该摆在室内装饰设计首位。光的设计不是仅仅选择几台灯具而已，设计师应该考虑灯具形式是否与空间环境协调、照明效果是否恰当地塑造了空间形态、照明数量和质量是否有效地配合了室内装饰功能、灯光能否对使用者的生理和心理产生积极的影响，以及照明灯光的调配控制、节能与创造舒适性光环境的协调等。因此，只有充分掌握了"光"的应用技术，才能对建筑室内环境进行合理科学的设计，才能满足人的生理和心理的需求。

　　室内装饰设计是建筑设计中一项不可缺少的组成部分，它对完善建筑功能、营造空间氛围、强化环境特色、定位场所性质等都会起到至关重要的作用。室内装饰设计既是建筑设计中的一部分更是一门实实在在的艺术。既然是室内装饰艺术，本书作者便试图还原艺术的本来，先从室内装饰设计应掌握的"光"——照明入手，依次再从色彩、材料、家具和空间的功能、作用、类型等逐渐展开。同时根据设计实践的实际，以设计理论对照实际图例的形式，以便让读者更容易掌握。

　　本书的编写体例，选用了大量的案例与图片，通过以图释文、依文解图、图文并茂的方式，系统介绍了建筑装饰与室内设计的方法，希望从不同题材和形式的作品中总结出建筑室内设计艺术的规律。编辑内容循序渐进，深入浅出，力图将可读性和实用性、科学性与艺术性融为一体。

　　限于编者的水平，本书难免存在缺点和不足，希望广大设计师和读者提出宝贵意见。

目录 / *CONTENTS*

目录 / CONTENTS

第1章　建筑室内采光与照明

1.1 光与照明的基本概念

1.1.1可见光

光，即电磁波，是属于一定波长范围内的一种电磁辐射。波长范围在380~780nm（1nm=10^{-9}m）的电磁波能引起人的视觉，这部分电磁波就被称之为可见光。由单一波长组成的光称为单色光。严格地说单色光几乎是不存在的，所有光源所产生的光至少要占据很窄的一段波长。全部可见光波长混合在一起形成日光（白色光）。波长大于780nm的红外线、波长小于380nm的紫外线、x射线都不引起人眼的视觉反应。而不同波长的可见光，在人眼中又产生不同的颜色感觉。

1.1.2相对光谱效率

光作为电磁能量的一部分，当然是可以量度的。但经验和实验都证明，不同波长的可见光在人眼中引起的光感是不均匀的，即不同波长的可见光尽管辐射的能量一样，但看起来明暗程度有所不同。这说明了人眼对不同波长的可见光有不同的主观感觉量。在白天（或光线充足的地方），人眼对波长为555nm的黄绿光最敏感。波长偏离555nm愈远，人眼对其感光的灵敏度愈低。

用来衡量电磁波所引起视觉能力的量，称为光谱效能。任一波长可见光的光谱光效能与555nm可见光的光谱效能之比，称为该波长的相对光谱光效率V（λ）。光谱光效率用以衡量各种波长单色光的主观感觉量，故又称为单色光的相对视度。

1.1.3 基本光度单位

（1）光通量

由于照明效果最终是以人眼来评定的，因此仅用能量参数来描述各类光源的光学特性还很不够，还必须引入基于人眼视觉的光量参数——光通量来衡量。

光源单位时间内发出的光量叫光通量，用符号Φ表示，单位为流明（lm）。

因为人眼对黄绿光最敏感，在光学中以它为基准做出如下的规定：当发出波长为555nm黄绿色光的单色光源，其辐射功率为1W时，则它能发出的光通量为680lm。由此可得，某一波长的光源的光通量计算式：

$$\Phi_\lambda = 680V(\lambda)P_\lambda \qquad (1-1)$$

式中 Φ_λ——波长为λ的光源的光通量（lm）；

$V(\lambda)$——波长为λ的光的相对光谱效率；

P_λ——波长为λ的光源辐射功率（W）。

只含有单一波长的光称为单色光，大多数光源都含有多种波长的单色光，称为多色光。多色光光源的光通量为它所含的各单色光的光通量之和。即

$$\Phi = \Phi_{\lambda 1} + \Phi_{\lambda 2} + \cdots\cdots + \Phi_{\lambda n} = \sum[680V(\lambda)P_\lambda] \qquad (1-2)$$

（2）发光强度

光源在给定方向的单位立体角中发射的光通量的空间密度，称为光源在这一方向上的发光强度，以符号I_θ表示，单位为坎德拉（cd）。

因为光源发出的光线是向空间各个方向辐射的，因此，必须用立体角作为空间光束的量度单位计算光

通量的密度。

（3）光出度（光出射度）

在光源上每单位面积向半个空间发出的光通量称为光源的光出度，符号为M，单位为流明/平方米（lm/m²），其计算公式为

$$M=d\Phi/dS \quad (1-3)$$

式中 M——光出度（lm/m²）；

Φ——光通量（lm）；

S——面积（m²）。

（4）照度

表示表面被照明程度的量称为照度，照度的定义为：

$$E=\Phi/A \quad (1-4)$$

式中 E——被照面A的照度（lx）；

Φ——A面所接受的光通量（lm）；

A——A面的面积（m²）。

照度的单位为勒克斯（lx），1勒克斯表示1流明的光通量均匀分布在1m²的被照面上，即1lx=1lm/1m²。

（5）亮度

在房间内同一位置，并排放着一个黑色和一个白色的物体，虽然它们的照度一样，但人眼看起来白色物体要亮得多，这说明了被照物体表面的照度并不能直接表达人眼对它的视感觉。这是因为人眼的视觉感觉是由被视物体的发光或反光（透光），在眼睛的视网膜上形成的照度而产生的。视网膜上形成的照度愈高，人眼就感到愈亮。白色物体的反光比黑色物体要强得多，所以感到白色物体比黑色物体亮得多。被视物体实际上是一个发光体，视网膜上的照度是被视物体在沿视线方向上的发光强度造成的。

发光体在视线方向单位投影面积上的发光强度，称为该发光体的表面亮度，以符号L表示，单位为坎德拉每平方米（cd/m²）表面亮度的定义式为

$$L_\theta=I_\theta/A\cos\theta \quad (1-5)$$

式中 L_θ——发光体沿 θ 方向的表面亮度（cd/m²）；

I_θ——发光体沿 θ 方向的发光强度（cd）；

$A\cos\theta$——发光体的视线方向上的投影面（m²）。

表面光亮度（简称亮度）的单位为坎德拉每平方米（cd/m²，过去非法定单位为尼特nt，即1cd/m²=1nt），表示在1平方米的表面积上，沿法线方向（ $\theta=0°$ ）产生1坎德拉的光强。

亮度的定义对于一次光源和被照物体是同等适用的。亮度是一个客观量，但它直接影响人眼的主观感觉。目前在国际上有些国家将亮度作为照明设计的内容之一。

以上介绍了5个常用的光度单位，它们从不同的角度表达了物体的光学特征。光通量说明发光体发出的光能数量；发光强度是发光体在某方向发出的光通量密度，它表明了光通量在空间的分布状况；光出度表明面光源上每单位面积向半个空间发出的光通量，也放映了光通量在空间的分布状况；照度表示被照明面接受的光通量密度，用来鉴定被照面的照明情况；亮

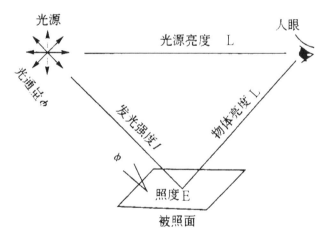

图1-1 光通量、发光强度、照度、亮度关系示意图

光度单位和定义 表1-1

名 称	符 号	定义式	单 位
光通量	Φ	$\Phi=\sum[680V(\lambda)P_\lambda]$	流明（lm）
发光强度	I	$I=\Phi/\omega$	坎德拉（cd）
光出度	M	$M=d\Phi/dS$	流明/每平方米（lm/m²）
照度	E	$E=\Phi/A$ ；$E=\dfrac{I_\theta}{r_2}\cos\theta$	勒克斯（lx）
亮度	L	$L_\theta=I_\theta/A\cos\theta$ ；$L=E/\omega\cos\theta$	坎德拉每平方米（cd/m²）

度则表示发光体单位表面积上的发光强度，它表明了一个物体的明亮程度。现将它们综合列于表1-1之中，以便比较和记忆，并将光通量、发光强度、照度、亮度四个光度单位之间关系表达于图1-1中。

1.2 照度标准

照度标准是为各类场所制定的人工照明的照度值，其数值一般均指水平照度即工作面上的平均值。也有些场所为垂直照度、倾斜照度或球面照度、柱面照度等。

我国现有的国家标准共有2项，即

《建筑照明设计标准》（GB 50034—2004）

《城市道路照明设计标准》（GBJ 45—91）

1.2.1 照度标准值的一般规定

（1）照度等级的级差大体分为1.5倍数，这个级差倍数恰恰能反映出主观感觉所能感到的最小显著差别。并且此分级的数值基本与CIE的数值一致。我国照度（lx）标准的分级如下：

0.5、1、3、5、10、15、20、30、50、75、100、150、200、300、500、750、1000、1500、2000、3000、5000lx。

（2）照度范围的规定。本标准考虑到相同视觉作业的具体要求和技术经济条件有时不同，对每种视觉作业规定一个照度范围以替代旧标准中最低照度值，每一个范围由3个连续的照度级组成。这样可以让设计人员灵活选择，更加符合实际条件。例如某一级照度标准为75—100—150，其中100lx为推荐值，采用75和150lx也是可以的。

1.2.2 采用高值或低值的条件

凡符合下列条件之一时，作业面上的照度标准值，应采用照度范围的高值：

（1）眼睛至识别对象的距离大于500mm时；

（2）连续长时间紧张的视觉作业，对视觉器官有不良影响时；

（3）识别对象在活动面上，识别时间短促而辨别困难时；

（4）视觉作业对操作安全有特殊要求时；

（5）识别对象反射比小时；

（6）当作业精度要求较高，产生差错会造成很大

损失时。

下列条件可采用低值：

（1）临时性工作时；

（2）当精度或速度无关紧要时。

有关我国照度标准值，请查阅国家相关的标准。

1.3 照度分布和亮度分布

1.3.1 工作面上的照度均匀度

视觉工作对象的正确布置和它如何变化，通常是根据工艺流程加以预测，但常常因为各种原因而有较大变化，故一般希望工作面照度处于某种程度的均匀度以内。

在全部工作面内，照度不必都一样，但变化必须平缓。

（1）照度均匀度。局部工作面的照度值最好不大于平均值的0.3。总之，最低值应尽量不低于推荐值。

（2）对于一般照明，最大照度与平均照度应在0.7以上。除均匀度外，还要注意防止由于遮挡而产生的阴影。紧邻区域照度均匀度不得低于0.5，紧邻区域是指视野内作业区域周围至少0.5m的区域。

1.3.2 室内各表面的照度分布和亮度分布

室内照明环境，需要有适当的亮度分布，这可以通过规定室内各表面的反射系数范围，组成适当的照度分布来实现。

在以气氛照明为主的照明场合，室内亮度变化过大，使人的视线无法固定，这种要适应不同亮度的结果，势必引起视觉的疲劳和不适。但是，过于均匀的亮度，又会使室内气氛过于呆板。因此，亮度分布的均匀程度，应在事先作出某种规定，宁愿有一定程度的变化，也不要造成呆板。例如，在接待室和饭厅等处，桌上的照度为周围照度的3~5倍，被认为是有可能起到中心感的效果。美国照明工程学会有关亮度比和室内各表面的反射系数推荐值，列于表1-2和表1-3中可供参考。

1.3.3 光的方向和扩散性

光照射在被照物上的方向不同，被照物上产生的阴影、反射状况和亮度分布均有所不同，从而就会使人产生满意或不满意的两种结果。

由遮挡形成的阴影，如工作面上产生的阴影和身

材料名称	光学特性	透射比r（%）	反射比ρ（%）	透射比α（%）	厚度（%）
透明的无色玻璃	定向	89～91	2～8	1～3	1～3
磨砂玻璃（磨砂）	定向散射	72～85	12～15	3～16	1.8～4.4
磨砂玻璃（酸蚀）	定向散射	75～89	9～13	2～12	1.3～3.7
深色的乳白玻璃	漫射	10～66	30～76	4～28	1.3～3.7
乳状玻璃	定向散射	45～55	40～50	4～6	1.3～6.2
乳白色玻璃	混合		30～60		1.5～2
有机玻璃		63	22	2～3	
镀银之镜面玻璃	定向		70～85		
镶光玻璃	定向		65～75		
镶铝毛面	定向散射		55～60		
白铁	定向		65		
煤			3～5		
硫酸钡、氧化镁	漫射		95		
白珐琅	混合		65		
白色胶染料	漫射		80		
白色粉刷	漫射		76		
水泥砂浆粉面	漫射		45		
水磨石面（灰色）	混合		32		
砂墙（黄色）	混合		31		
白色瓷砖（粗面）	混合		67		
上色瓷砖（粗面）	混合		39		
室内常用装饰色彩					
淡奶油色			75		
灰色			55～75		
蓝色			35～55		
黄色			65～75		
米色			63～70		
绿色			52～65		

号　数	符　号	单　位
1	7.5R6/4	淡灰红色
2	5Y6/4	暗灰黄色
3	5GY6/8	饱和黄绿色
4	2.5G6/8	中等黄绿色
5	10BG6/4	淡蓝绿色
6	5PB6/8	淡蓝色
7	2.5P6/8	淡紫蓝色
8	10P6/8	淡红紫色
9	45R6/13	饱和红色
10	5Y8/10	饱和黄色
11	4.5G5/8	饱和绿色
12	3PB3/11	饱和蓝色
13	5YR8/4	淡黄粉色（白种人肤色）
14	5GY8/4	中等绿色（树叶色）
15	1YR6/4	日本人肤色
16	4YR6/4	中国人肤色

体的阴影；又如由逆光照明人脸所形成的阴影，都不能令人满意。这就要在设计灯光布置上加以防止。相反，为了表现立体物体的立体感，又需要有适当的阴影。为了实现在理想的立体感的照明条件，一些国家进行了若干研究，但由于还没有建立起确定的理论，故在此就不作具体介绍。

光在材质感的表现上，也很重要。如贵金属或宝石饰品、珍珠和瓷器的光泽，要让他们表现出豪华的或者诱人的美，使人心情兴奋，通常可用立体角小的高亮度光源来强调这种效果。在商业照明中，要特别注意设计运用。

1.3.4 特别发光面

不论是高亮度的光源，还是熊熊燃烧的火焰和夕阳映照下的波浪的闪烁，均可给人的心情带来兴奋和刺激，使人心情愉快。在照明中，由于高亮度光源能带给人愉快积极的效果，但有时也会产生眩光，在设计时，应引起重视，对于由照明装置形成的眩光必须加以限制。

1.4 眩光评价方法

在视野范围内有亮度极高的物体，或亮度对比过大，或空间和时间上存在极端的对比，就可以引起不舒适的视觉，或造成视功能下降，或同时产生这两种效应的现象，称为眩光。眩光是影响照明质量的最重要因素。

从眩光的作用来看可分为直接眩光和反射眩光，直接眩光是在观察物体的方向或接近这一方向内存在发光体所引起的眩光。反射眩光是发光体的镜面反射，特别是在观察物体方向或接近这一方向出现镜面反射所引起的眩光。

眩光按其效应又可分为失能眩光和不舒适眩光。失能眩光又称为生理眩光，这种眩光会妨碍对物体的视觉效果，使视功能下降，但它不一定引起不舒适。不舒适眩光又称为心理眩光，这种眩光使人不舒适，但它不一定妨碍对物体的视觉功能效果。

1.4.1 失能眩光的评价

失能眩光的发生可以看作在视觉过程中有一光幕亮度的出现，它能够使视觉由刚刚看得见到看不见，也就是使能够察觉的对比增加，亦即背景和视对象间

可以识别的最小亮度差 ΔL 增加，意味着视功能的下降，光幕亮度可由下式确定：

$$L_V = k \cdot E / \theta^n \qquad (1-6)$$

式中 L_V——光幕亮度（cd/m^2）；

E——眩光光源在眼睛瞳孔平面上的照度（lx）；

θ——眩光光源与视线间的夹角；

k 和 n——实验常数。

若视野内有 m 个眩光光源，则光幕亮度等于各个眩光光源的光幕亮度之和：

$$L_V = \sum K \cdot E_i / \theta_i \qquad (1-7)$$

为了导出光幕亮度与视功能之间的关系，CIE 提出了失能眩光因数评价程序，这是在实际照明的条件下与标准照明条件下相比较所得到的结果，失能眩光因数用下式表示：

$$DGF = C'/C \cdot RCS'/RCS = RV'/RV \qquad (1-8)$$

式中 DGF——失能眩光因数；

C' 和 C——实际和标准照明条件下的对比；

RCS' 和 RCS——实际和标准照明条件下相对对比灵敏度；

RV' 和 RV——实际和标准照明条件下相对可见度。

利用光幕亮度与相对对比灵敏度曲线或相对可见度曲线之间的关系图可以求出失能眩光因数来评价。评价资料可参见 CIE1971 年第 19 号文。

阈亮度差的增加量也可以用来评价失能眩光。如果没有眩光的光源时的阈亮度差为 ΔL，有眩光光源的增加量为 ρ（%），则这时的阈亮度差 $\Delta L'$ 为：

$$\Delta L = \rho / 100 \cdot \Delta L \qquad (1-9)$$

从（1-6）式或（1-7）式求出 L_c，再与平均亮度 L 联合起来，从实际曲线 ρ（LV，L）图上可以求出 ρ 值，再由（1-9）式进行评价。

1.4.2 不舒适眩光的产生因素

由于照明设施中不舒适眩光的问题通常要比失能眩光更多些，而且采用不同不舒适眩光的控制措施同时也可解决失能眩光问题，所以近年来更多的是关于不舒适眩光评价方法的研究，产生了很多评价方法，这些方法的共同点是将眩光的物理量转化为主观感觉指标，然后用主观感觉指标来限制超过一定限度的眩光。

无论哪种评价方法，对于产生不舒适眩光的条件可归结为环境的因素和人的因素两个方面。环境的因素有光源亮度、光源面积，光源在视野中的位置以及

视野的亮度等。人的因素，包括对光的感受和性别、年龄等。

1.5 照度和亮度的测量

1.5.1照度的测量

照明工程安装完成后，为了鉴定是否达到设计要求，以及定期检查照度水平或校核照度补偿系数，均需进行照度测量。

照度的测量一般采用光检测器和微安表构成的照度计。实际应用的照度计根据其所采用的光检测器形式分为光电池式、光电管式和光电倍增管式等。

不同形式照度计根据其不同性能应用于不同场合的照度测量中。例如，对于室内照明的中等照度到高照度的测量，多采用简易或精密型的光电池照度计；由低照度到高照度的测量，宜采用光电管式照度计；极微照度的测量则应用光电倍增管式照度计。照明工程测量用照度计应附有视觉校正滤光片和角校正装置，以减少测量误差。硅光电池配视觉校正滤光片后，其性能比硒光电池稳定，寿命也长。在测量时，应先检查灯具及光源是否完整无损，电源电压应力求稳定。

1.5.2光通量的测量

测量光源的光通量通常用球形积分光度计。球形积分光度计是一个内部涂有漫反射白色涂料的中空球形容器。在容器壁上开一个孔，用光标测器（如光电池照度计）测量从小孔射出的光通量便可测得光源的光通量。容器一般做成两半，可以打开，以便将光源放入容器内测量。球的直径可达$1 \sim 5m$。

用球形积分光度计测量光通量的原理是球内壁上发射光通量所形成的附加照度与光源光通量成正比。因此，测量球壁的附加照度值就可以得出被测光源所发出的光通量。

1.5.3光强的测量

光强的测量主要应用直尺光度计进行。它的原理是利用所谓光度镜头，对标准光源的已知光强和被测光强进行比较。光度镜头可由光电池光度镜头构成，也可由对比光度镜头进行目视测量时，改变被测光强的投射距离，当在光度镜头上看到亮度相等时，就可以根据距离比和仪器常数求出被测光强。

利用光电池光度镜头时，使灯与光电池保持一定距离，光对标准灯测得一个光电流值i_s，然后以被测灯代替标准灯测得另一个光电流值i_t。假设标准灯的已知光强为I_s，则被测光强为：

$$I_t = I_s \cdot i_t / i_s \qquad (1-10)$$

或者，分别改变标准灯和被测灯与电池的距离l_s、l_t，使其得到相等的光电流。此时，被测光强由下式求出：

$$I_t = I_s \cdot (l_t/l_s)^2 \qquad (1-11)$$

在实际测量照明器光强时，为了使$I_t = I_s \cdot (l_t/l_s)^2$准确地成立，距离$l$值必须取得比较大。

1.5.4亮度的测量

光度量之间存在着一定的关系，运用这种关系能使某些光度量的测量变得较为容易，并且能利用照度计来测量其他光度量。

图1-2所示为测量亮度的原理图。为了测量表面S的亮度，在它的前面距离d处设置一个光屏Q。光屏上有一透镜（透射系数为τ），它的面积为A，在光屏的右方设置照度计的检测器m，m与透镜的距离为l，m与透镜的法线垂直，在l的尺寸比A大得多的情况下，照度计检测器m上的照度等于$E = I/l^2 = \tau l A/l^2$即得到亮度值为$L = El^2/\tau A$，根据这一原理制成亮度计。

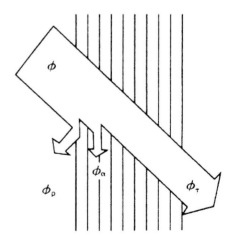

图1-2 光的反射、透射和吸收示意图

1.6 亮度设计

亮度设计是光环境设计中的一个重要环节，可以说亮度设计是照度设计的补充，因为室内环境中各表面的亮度决定了整个空间光环境的质量和效果，在同样照度的前提下，各表面的反射比不同所形成的光环

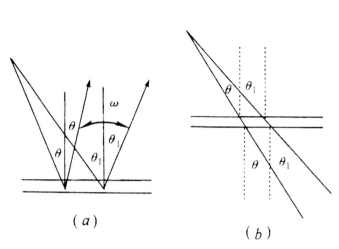

图1-3 定向反射和透射的光线分布
(a)定向反射;(b)定向透射

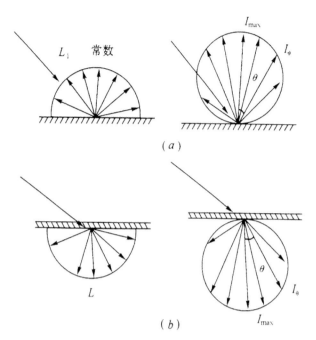

图1-4 均匀扩散的光强和亮度分布
(a)扩散反射;(b)扩散透射

境也就不同。同时不同的光环境对人的生理和心理也会产生不同的影响。

1.6.1 亮度的界限

实验证明,我们的眼睛能够适应一定范围的亮度。这就是"明适应"和"暗适应"现象,在这个亮度范围内对亮度的辨别力没有严重的损失,也不会感到不舒适,这种亮度范围的界限是由眼睛的适应性决定的。

不能把物体从黑暗的背景中区别出来的亮度最低限度,称为"黑限"。物体表面过亮,使人产生不舒适的感觉时,称为"亮限"。如图1-3所示。

可以识别物体和背景之间的亮度差别的物体亮度LO是背景亮度LB的函数,图1-4中指出了亮限和黑限。平行四边形决定室内有良好视觉的照明条件范围。

经过研究表明,物体的亮度与背景的亮度比值成正比时,识别灵敏度会达到最大值(人对物体的识别),信息的损失达到最小值。在物体的亮度比背景的亮度大于1/5或大于5时,识别灵敏度会小到最大值的一半以上。

而对于工作的作业面而言,背景的亮度无论什么位置都应低于作业面亮度,但不应低于作业面亮度的1/3。而亮度比超过图1-4中的平行四边形,则出现眩光的几率就越大。所以平行四边形决定室内有良好视

觉功能所需要的照明范围,也就说灯具、物件、墙、顶棚的亮度必须设置在这个界限之内。

最佳照度在不同的环境中,其照度值基本相同,但被观察物体表面的最佳亮度不是常数,而是与其表面的反射比有关,如果反射比低,那些认为被观察物体表面令人满意的亮度必然低于较高反射的那些物体表面亮度。经常提到的一个理论就是反射比降低一半时,照度应提高一倍。各种材料的反射比参见表1-2。

1.6.2 最佳的墙面亮度

在评价墙面亮度时,应该考虑墙面的色彩,实验证明,灰色、蓝色、蓝绿色和红色墙的最佳亮度随反射比的增加而增加,而黄色墙面的情况则相反,对于最常用的照度范围500~1000lx来说,普通墙面的亮度应该在50~100cd/m²之间。

理论上,垂直(墙)照度和墙面反射比几乎有无限多种组合都可能达到最佳亮度,但研究表明,当相对的墙面照度与水平照度之比在0.5~0.8之间时,最有可能达到令人满意的状态。

1.6.3 最佳的顶棚亮度

顶棚的最佳亮度主要受顶棚灯具表面的亮度支配,一般情况下顶棚亮度上限将由所用灯具的相应眩光界限确定。在灯具亮度大约低于100cd/m²时,最佳

的顶棚亮度甚至比灯具的亮度还高，显然实际上是不会达到的。

顶棚的亮度还取决于顶棚的高度，在顶棚足够高，以至于视觉范围之外时，它的亮度对人的舒适感没有太大的影响，这时，顶棚的亮度就可以单纯根据实际需要来选择。而顶棚高度过低，使灯具暴露在视觉范围以内，如顶棚高度在3m左右，它的亮度应该有所设计和选择，避免眩光对人的影响。最佳的顶棚亮度实际上是灯具亮度的函数，当灯具亮度增加时，为了避免在顶棚和灯具之间出现不舒适的亮度对比，顶棚的亮度也应该适当增加。增加顶棚亮度可选用向上照明的灯具。在顶部灯具是完全嵌入式时，顶棚如单纯依靠地面的反射照亮，就很难达到推荐的亮度，使顶棚过暗。这里关键是选用何种灯具，同时应该使顶棚有尽可能高的反射比。当照明灯具采用暗装时，顶棚表面的反射比宜大于0.6，且顶棚表面的照度不宜小于工作面照度的1/10。

1.6.4 照明的均匀性

室内平均照度为1000lx时，顶棚和墙面的舒适亮度值分别约为200cd/m² 和100cd/m²。在室内照度范围的低端（500lx），顶棚的最佳亮度大约是墙面最佳亮度的4倍。在室内照度范围的上端（200lx），顶棚和墙面的最佳亮度水平几乎相等。在照明设计中，如果使顶棚亮度和墙面亮度相等，视觉效果就会感到单调，除非所用颜色不同。

办公室、阅览室等空间一般照明照度的均匀度，按最低照度与平均照度之比确定，其数值不宜小于0.7。

分区采用一般照明时，房间内的通道和其他非工作区域，其一般照明的照度值不宜低于工作面照度值的1/5。局部照明与一般照明共用时，工作面上一般照明的照度值宜为总照度值的1/3~1/5，且不宜低于50lx。

灯具布置间距大于所选灯具的最大允许距离比，在长时间连续工作的房间（如办公室、阅览室等），室内各表面反射比和照度比宜按表1-4选择。

总之，亮度分布的设计在应用中只限于下面的范围：作业面和它的背景，主要考虑亮度比；顶棚、墙面和地面，应考虑它们的亮度范围；灯具，应考虑它的亮度限值。

1.6.5 最佳亮度值

最小值：人脸的最小亮度值，如刚好可以辨认出脸特征所需要的亮度值为1cd/m²，刚好可以满意地看清脸部，不特别费力就能认出脸部特征所需要的亮度值为10~20cd/m²。

最佳值：墙面顶面、作业区域、人脸部的最佳亮度如下：

墙面50~150cd/m²

顶面100~300cd/m²

作业区域100~400cd/m²

人脸250cd/m²

最大值：天空和灯具的最大亮度如下：200cd/m²的亮度值标志着天空开始引起眩光，10000cd/m²是可以容许的灯具的最大亮度值。

1.7 室内照明方式

灯具通常以灯具的光通量在空间上下的分配比例分类，或者按灯具的结构特点分类，或者按灯具的安装方式来分类等。CIE推荐以照明灯具光通量在上下空间的分配比例进行分类的方法，已为国际照明界普遍接受。

1.7.1 按光通量在空间的分配特性的分类

（1）直接型灯具，这种灯具的用途最广泛，因为90%以上的光通向下照射，所以灯具的光通利用率最高。如果灯具是敞口的，一般来说灯具的效率也相当高。直接型灯具又可按其配光曲线的形状分为：广照型、均匀型、配照型、深照型和特照型五种。它们的配光曲线见图1-5。

深照型灯具和特照型灯具，由于它们的光线集中，适应高大厂房或要求工作面上有高照度的场所，这种灯具配备镜面反射罩并以大功率的高压钠灯、金属卤化物灯、高压汞灯作光源，能将光控制在狭窄的范围内，获得很高的曲线光强，在这种灯具照射下，水平照度高，阴影很浓。

配照型灯具适用于一般厂房和仓库等地方。

广照型灯具一般用作路灯照明，但近年来在室内照明领域也很流行，这种灯具的最大光强不是在灯下，而是在离灯具下垂线约30°的方向，发光强度锐减。

敞口式直接型荧光灯具纵向儿乎没有遮光角，在照明舒适度要求高的情况下，经常要设遮光格栅来遮

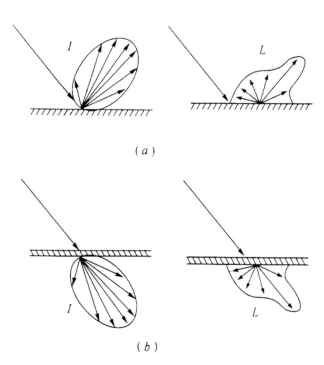

图1-5　混合反射和透射的光强和亮度分布
（a）混合反射；（b）混合透射

光源，减少灯具的直接眩光。

点射灯和嵌装在顶棚内的下射灯也属直接型灯具，光源为白炽灯，点射灯是一种轻型投光灯具，主要用于重点照明，因此多数是窄光束的配光，并且能自由转动，灵活性更大，非常适合商店、展览馆的陈列照明。下射灯是隐蔽照明方式经常采用的灯具，能够创造恬静幽雅的环境气氛。这种灯具用途很广，品种也很多。下射灯能形成各式各样的光分布，它有固定的和可调的两种。可调的或者有某一个固定角度的灯具，通常用作墙面及其他垂直面的照明。

直接型灯具效率高，但灯具的上半部几乎没有光线，顶棚很暗，与明亮的灯具容易形成对比眩光，又由于它的光线集中，方向性较强，产生的阴影也较浓。

（2）半直线型灯具。它能将较多的光线照射到工作面上，又能发出少量的光线照射顶棚，减小了灯具与顶棚间的强烈对比，使室内环境亮度更舒适。这种灯具常用半透明材料制成或做成开口样式，如外包半透明散光罩的荧光吸顶灯具和上方留有较大的通风、透光空隙的荧光灯以及玻璃菱形玻璃碗形罩灯等灯具，都属于半直接型灯具。半直接型灯具也有较高的光通利用率，典型的是乳白色玻璃球形灯，其他各种形状漫射透光的封闭灯罩也有类似的配光。均匀漫射型灯具将光线均匀地投向四面八方，对工作面而言，

光通利用率较低，这类灯具是用漫射透光材料制成封闭式的灯罩，造型美观，光线柔和均匀。

（3）半间接型灯具。这类灯具上半部用透光材料制成，下半部用漫射透光材料制成。由于大部分光线投向顶棚和上部墙面，增加了室内的间接光，灯具易积尘，会影响灯具的效率，半间接型灯具主要用于民用建筑的装饰照明。

（4）间接型灯具。这类灯具将光线全部投向顶棚成为二次光源，因此室内光线扩散性极好，光线均匀柔和，几乎没有阴影和光幕反射，也不会产生直接眩光，使用这种灯具要注意经常保持房间表面和灯具的清洁，避免因积尘污染而降低照明效果。间接型灯具适用于剧场、美术馆和医院的一般照明，通常不和其他类型的灯具配合使用。

1.7.2 按灯具的结构分类

（1）开启型灯具。光源与外界空间直接相通，无罩。

（2）闭合型灯具。具有闭合的透光罩，但罩内外仍能自然通气，如半圆罩无棚灯和乳白玻璃球形灯。

（3）封闭型灯具。透光罩接合处加以一般填充封闭，与外界隔绝比较可靠，罩内外空气可有限流通。

（4）密闭型灯具。透光罩接合处严密封闭，罩内外空间相互隔绝。如防水防尘灯具和防水防压灯具。

（5）防爆型灯具。透光罩及接合处，灯具外壳均能承受要求的压力，能安全使用在有爆炸危险性质的场所。

（6）隔爆型灯具。在灯具内部发生爆炸时，火焰经过一定间隙的防爆面后，不会引起灯具外部爆炸。

（7）安全型灯具。在正常工作时不产生火花、电弧、或在危险温度的部件上采用安全措施，以提高其安全程度。

（8）防震型灯具。这种灯具采取了防震措施，可安装在有振动的设施上。

在工矿灯中，各种开启型灯具均采用钢板搪瓷灯罩，内腔白色、外观灰色，白瓷螺口风雨灯头、铸铝灯座、铸铁底座，支撑吊杆采用13mm焊接接合处用橡胶防水防尘灯（密闭型）均采用钢板搪瓷灯罩及螺口乳白色或透明玻璃罩，在接合处用橡胶防封圈密封，有的品种在玻璃罩外还有金属保护网，其灯头、灯座、支撑杆均与开启型相同。

1.7.3按安装方式分类

根据安装方式的不同，灯具大致可分为如下几类：

（1）壁灯。将灯具安装在墙壁上、庭柱上，主要用于局部照明、装饰照明和不适宜在顶棚安装或滑顶棚场所的灯具。

（2）吸顶灯。将灯具吸贴在顶棚面上，主要用于设有吊顶的房间内。

吸顶灯应用比较广泛，吸顶式的发光带适用于计算机房、变电站等。深照式吸顶荧光灯适用于照度要求较高的室内空间。封闭式带罩吸顶灯适用于照度要求不很高的空间，它能有效地限制眩光，外形美观，但发光效率低。

（3）嵌入式灯具。嵌入式灯适用于有吊顶的房间灯具是嵌入在吊顶内安装的，这种灯具能有效地消除眩光，与吊顶结合能形成美观的装饰艺术效果。

（4）半嵌入式灯。半嵌入式灯将灯具的一半或一部分嵌入顶棚内，另一半或一部分露在顶棚外面，它介于吸顶灯和嵌入式灯之间，这种灯在消除眩光的效果上不如嵌入式灯，但它适用于顶棚吊顶深度不够的场所，在走廊等处应用较多。

（5）吊灯。吊灯是最普通的一种灯具安装方式，也是最广泛的一种，它主要利用吊杆、吊键、吊管、吊灯线来吊装灯具，以达到不同的效果。在商场营业厅等场所，利用吊杆式荧光灯组成规则的图案，不但能满足照明功能上的要求，而且还能形成一定的装饰艺术效果。

带有反光罩的吊灯，配光曲线比较好，照度集中，适用于顶棚较高的场所、教室、办公室、设计室等，吊线灯适用于住宅的卧室、休息室、小仓库、普通用房等，吊管、吊链花灯，适用于有装饰性要求的房间，如宾馆、餐厅、会议厅、客厅、大展厅等。

（6）地脚灯。地脚灯的主要作用是照明走道，便于人员行走。它的优点是避免刺眼的光线，特别是夜间起床开灯，不但可减少灯光对自己的影响，同时还可减少灯光对他人的影响，地脚灯都暗装在墙内，一般在离地面高度0.2～0.4m之间，地脚灯的光源采用白炽灯，外壳由透明或半透明玻璃或塑料制成，有的还带金属防护网罩。如图1-6。

（7）室内灯具还包括有台灯、落地灯、射灯、自动应急灯、指示灯等等。如图1-7。

1.8 室内照明作用与艺术效果
1.8.1创造气氛

照明的亮度和色彩是决定室内气氛的主要因素。我们知道光的刺激能影响人的情绪，一般说来，亮的房间比暗的房间更为刺激，但是这种刺激必须和空间所应具有的气氛相适应。极度的光和噪声一样都是对环境的一种破坏，适度的愉悦的光能激发和鼓舞人

图1-6 地脚灯

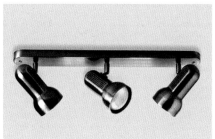

图1-7 射灯

图1-8　柔弱轻松的光照效果

心，而柔弱的光令人轻松。如图1-8。

　　室内的气氛也随着不同的光色变化。休闲、娱乐及餐饮、酒吧等场所，常以暖色光铺设。而在夏天，这些场所的灯光色彩又常常点缀些蓝、绿光，使环境气氛变得更加凉爽适宜。如图1-9。另见表1-4不同光源照射下的色彩变化。

1.8.2加强空间感和立体感

　　空间的不同效果，可以通过照明的作用充分表现出来。实践证明，室内空间的开敞性与光的亮度成正比，亮的房间感觉要大一些，暗的房间感觉要小一点，漫射光使空间随着光的延伸而扩大，直射光能加强物体的阴影，使空间更具立体效果。见表1-5视觉信息和对象表面的特性对照

图1-9　用蓝、绿光色表现的室内效果

图1-10 用灯光渲染出的室内空间艺术

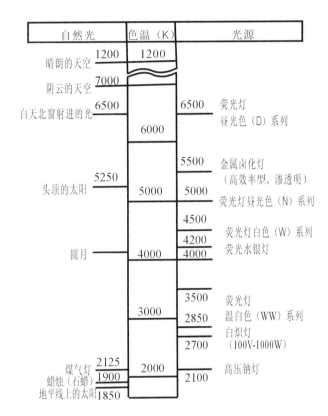

自然光	色温（K）	光源
晴朗的天空 1200	1200	
阴云的天空 7000		
白天北窗射进的光 6500	6500	荧光灯 昼光色（D）系列
	6000	
	5500	金属卤化灯（高效率型、渗透明）
头顶的太阳 5250	5000 5000	荧光灯昼光色（N）系列
	4500	荧光灯白色（W）系列
	4200	荧光水银灯
圆月	4000 4000	
	3500	荧光灯 温白色（WW）系列
	3000 2850	白炽灯（100V-1000W）
	2700	
煤气灯 2125	2000	高压钠灯
蜡烛（石蜡）1900		2100
地平线上的太阳 1850		

图1-11 不同光源的色温值

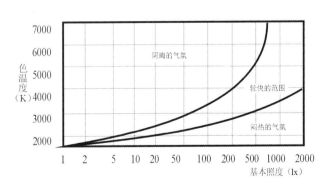

图1-12 不同照度的色温值

明质量的要求。

光可以塑造并强调重点，也可以削弱次要的地方，从而进一步使空间得到完美和净化。照明亦可使环境产生虚实变幻，渲染出空间环境艺术魅力。如图1-10。

1.8.3 装饰照明与光影艺术

装饰照明就是将照明艺术化，是以照明自身的光色造型作为观赏对象，通常利用点、线、面的艺术塑造手法，利用新型的光源色彩设计，如光纤、LED（发光二极管）等，用不同的光色在墙上构成光怪陆离的抽象画面，或者以光与影的艺术表现特性在室内进行再创造，利用各种照明装置，或者以光的色彩来表现平面效果，或者以光影变化来塑造立体形象，让空间的主题突出、内涵丰富。

1.9 室内照明灯具

室内照明灯具包括室内固定式灯具和室内移动式灯具两大类。有吊灯、吸顶灯、特殊型灯具、应急灯、混光灯具、荧光灯具、壁灯、台灯、霓虹灯、舞台灯、射灯、天棚照明器等等。这些灯具有的固定安装在建筑物上，有的本身就是建筑物的一部分，其艺术风格与建筑物融为一体，使人们在建筑物中得到舒适的光照与艺术享受。

由于各类室内灯具安装的场所不同，灯具的功率、结构不同，所起的作用也不同，有的作一般照明，有的作局部照明，有的作应急照明，有的在低温状态下照明，也有的在易爆环境条件下照明等。

1.9.1 吊灯

吊灯是悬挂在室内屋顶上的照明灯具，经常用作大面积范围的一般照明，它比较讲究造型，强调光线

图1-13 用光纤表现的装饰照明

图1-14 用LED表现的装饰照明

不同光源照射下的色彩变化　　　　　　　　　　　　　　表1-4

光源色相	直射日光	标准光源(自炽灯)	有色光源					荣光灯(40W)				高压水银灯(400W)
			红	黄	绿	青	紫	日光灯	冷色灯	白色	暖白色	
	4500 K	2854 K						6500 K	4850 K	3500 K	2700 K	5700 K
红	1→	5、↑	1↑→	4、↓	4、↓	4.↓	3.→	5↓←	4↓←	4←	2←	7↓←
黄	1、	4、	2.	2.→	3、↓	4.↓		4、↑	4、	5、	4、↑	6、→
绿	1、	4、	4.↓	3.↑	2↑→	2、←	4、↓	0、	2↓	3↓↓	2↓↓	5.↓
青	1、	4、↓	5、↓	4.↑	3↓→	2、↓	3、→	3、↓	4、↓	5、↓	4、↓	5、↓
紫	2、	5	3、↑	5、↓	5.↓	4、↓	2↓→	3、↓	2↓←	3.↓	4.→	6.↓→
淡红	0	3↑						3、←	3、←	4、←	3↑	7↓←
淡黄	1、	3、						3、	3、	4、	3、	5、→
淡绿		3、						0	4、	3←	2↓	4↓↓
淡青		3、↓						2、	5、	4、↑	3、↓←	5、↓
淡紫	0	4、						2、	2→→	3↓→	3、→	5↓↓

附注：0~7表示色彩的变化趋势，由不显著到变化最大的不同级别；"、"表示色相变化趋势为R→Y→G→B→P→R；"."表示色相变化趋势为R→P→B→G→Y→R；↑：明度升高；↓：明度降低；→：彩度增强；←：彩度减弱。

视觉信息和对象表面的特性对照明质量的要求　　　　　　表1-5

信息的要求	对象表面的特性	肯定的照明质量	应避免的照明质量
最大的表面亮度	完全无光泽的表面（地毯）	光线应垂直于表面，表面应有最大的反射率	
	有光泽的表面（有光泽的油漆，镜子等）	光线以镜面角入射，使对象通过反射的光线或被照明的面而获得亮度	
由不同的材料的表面（反射率不同）产生的亮度对比	完全无光泽的表面（地毯）	光线垂直于表面入射	
	有光泽的表面（如上述）	光线的入射角不等于镜面角	从在镜面角内的光源来的光线。如果不能避免这类光源时，则应使光源的尺寸尽可能大，亮度尽可能低
	在一淡色无光泽背景上的深色有光泽表面（在白色无光纸上的深色印刷）	从镜面角以外来的光线	从镜面角内来的光线
	在有光泽背景上有一突出的或深色无光泽的表面（玻璃上作的无光泽或凸出的字）	从一均匀的大面积光源来的以镜面角入射的光线	从点光源来的光线以镜面角入射
	深色无光泽背景上的淡色有光泽表面	从一均匀的大面积光源来的光线以镜面角入射	
	有光泽背景上的深色无光泽表面或突出物	从一均匀的大面积光源来的光线以镜面角入射，或从视角方向来的点光源光线	点光源发出的光线以镜面角入射
	深色无光泽表面有光泽的金属表面（一本深色无光泽书封皮上的烫金或烫银字）	从一均匀漫射光源来的光线，以镜面角入射	镜面角以外的任何光线

信息的要求	对象表面的特性	肯定的照明质量	应避免的照明质量
由于不同的透光特性产生的亮度对比	透明的表面（玻璃制品）	由一均匀的光源从背面照明	直接在透明的表面或对象后面用点光源照明
	投射的像	投射到一个不透明的非镜面的表面上	从其他光源散射出来的光以任何角度投射在幕布上
	半透明的表面（乳白玻璃）	背面照明。如果一个点光源在半透明表面后若干距离时尚可接受（尤其在这个表面接近于透明时）	
颜色对比		从一均匀漫射光源来的光线，以镜面角入射。如果为了分辨颜色的全部范围，必须有完的光谱；如果只要分辨有限范围的颜色，则可采用有限光谱的光源	照度过高或过低
形状	简单封闭的实体（球）	从单个点光源来的光线，或是具有显著方向的扩散光，但稍微偏离视角一些	
	封闭的实体，表面上有细节（雕刻、纹理）	从单个点光源来的光线，或是具有显著方向的扩散光，但稍微偏离视角一些	从几个点光源来的光线，使阴影产生重叠
	三维的物体，由于产生影子，使它与其他面发生关系（阳光下的台阶）	能产生单个深影的光线	能产生好几个影子的光线，特别是如果这些影子是由几个不同的方向投射过来的
	简单的开敞的物体，借其轮廓线能使人了解（栅栏）	具有明显方向的光线，一般可以接受几个影子	
	复杂的开敞物体（金属丝造型结构）	离视角较远的光源所产生的单个深影	几个点光源产生的重叠的影子
	深色凸出的实体（深色凸出的字）	从任何方向来的光线，只要能产生一致的深影	
	有光泽的实体，本身并无固有颜色（金属抛光的雕塑）	从一个大的均匀光源来的光线，以镜面角入射	从均匀漫射光源来的光线，照射到对象的周围，辅助的点光源产生的集中照明可用来造成高光，借以减少被一个均匀大光源的光线所笼罩的否定效果
	运动着的实体（跑动中的人）	从观看角度射过来的具有较强的照度矢量的光线，这样它能在对象上造成有梯度的影子，最好是对着一个均匀的具有对比的背景观看	背景中的视觉噪声。可将潜在的噪声（原放在不引人注意的地方，使其影响降到最小。例如，尽可能把光源放在远离视线的地方）
	周围界面（房间）	用以限定空间界面的光线，应具有均匀的梯度	扰乱或破坏周围各个面的形状的光线，因这种光线使各个面上具有混乱且分散注意力的亮度梯度，它们与这些表面的真正开头是不一致的
质地	简单而粗糙的质地（砖）	从单个光源来的光线，或从漫射光源来的光线，均以几乎与所照面平行的方向照射	
	粗糙而复杂的质地	从漫射光源来的光线，应以与所照平面几乎平行的方向照射或从一个点光源，即不是以上述方向照射，也不是以垂直角度进行照射	

图1-15 单灯罩吊灯

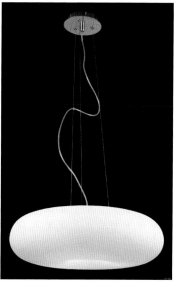

图1-16 吹制玻璃灯罩吊灯

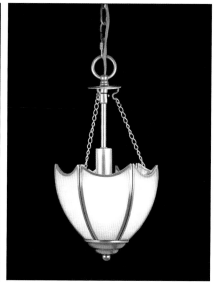

图1-17 喷砂玻璃吊灯

图1-18 彩色压制玻璃吊灯

图1-19 纺织品灯罩吊灯

图1-20 LED枝形（蜡烛）吊灯

图1-21 LED单层枝形吊灯

图1-22 LED多层枝形吊灯

效果，吊灯的造型千姿百态，风格众多。总的按光源可分成两类：白炽灯类和节能型（荧光灯类）；按结构形状则可分为链吊式和线吊式等，如果按灯具材料分则更多。

（1）单灯罩吊灯。这是以一个灯罩为主体的吊灯，灯罩内可包含一个光源，也可包含多个光源，前者体积较小，常用于家庭起居室；后者体积较大，大多用于较高大的房间。如图1-15。

①吹制玻璃灯罩吊灯，这是使用最广泛的单灯罩吊灯，有的用乳白玻璃，有的用喷金玻璃，有的套上多颜色、吹制成各种形状，以美丽的造型与图案给人以美的感受也有的吹制玻璃罩采用两种不同颜色的玻璃套制作而成，造型以各种简单的几何图形组合。如图1-16。

②喷砂玻璃吊灯。在透明玻璃板上采用磨砂或刻花工艺，绘制出花纹，再配上金属框架，拼成造型多变的吊灯。如图1-17。

③彩色压制玻璃吊灯。把平板玻璃压制成各种形状，涂上彩色介质膜，并印上图案，使灯具显得高贵华丽。如图1-18。

④玻璃、塑料挂片灯。把茶色半透明或白色半透明的玻璃、塑料制成挂片，按一定几何形状挂在光源周围，这种灯具造型大方美观。

⑤纺织品灯罩吊灯。用五彩的布、绸等纺织品固定在各种形状的刚性支架上，做成风格各异的灯罩，这类灯显得十分典雅。如图1-19。

⑥塑料灯罩吊灯。塑料灯罩吊灯是近几年迅速发展起来的一种吊灯，这种灯结构简单轻巧，图案光泽鲜艳，产品价格低廉，塑料灯具都是制成内外两种色彩的，内表面为白色，有良好的反光作用，外表面为彩色，供人们欣赏，单灯罩吊灯的品种还有许多，有用纸质灯罩制成具有中国古代风格的吊灯，有用木、竹材料制成的风格新颖的吊灯等。

把单灯罩吊灯按不同高度在空间的组合，会产生新的艺术感，这样的安装方法使用在楼梯上，或者使用在高的房间里，都会产生良好的效果。

（2）枝形（蜡烛）吊灯。枝形吊灯又可分成单层枝形吊灯、多层枝形吊灯与树杈式枝形吊灯等。如图1-20。

①单层枝形吊灯。将若干个单灯罩在一个平面上通过犹如树枝的灯杆组装起来，就成了单层枝形吊灯，这种灯具是当前家庭常见的吊灯。如图1-21。

②多层枝形吊灯。枝形吊灯向多层次空间发展，就成了高贵华丽的多层枝形吊灯，这种灯具有单管、双管、三管等不同规格，产生不同的光通量，以适应不同照度的要求。如图1-22。

③树杈式枝形吊灯。用若干只形状相同的灯，旋转安装在一根金属杆的不同高度上，形如树杈。

④珠帘（水晶）吊灯。这是近年来发展很快的豪华型吊灯，全灯有成千上万只经过研磨处理的玻璃珠串联装饰，当灯开亮时，玻璃珠使光线折射，由于角度的不同，会使整个吊灯呈现出五彩之色。如图1-23。

⑤荧光吊灯。由于荧光灯光效高，因此目前商店、图书馆、学校、办公楼、银行等的一般照明多采取荧光吊灯。荧光吊灯的造型比较单调，采用直管的则灯具呈长方形，采用环管的则灯具多是圆形。荧光灯具有敞开式的，也有配棱晶罩、乳白罩的，敞开式的光效高，但有眩光，对保护视力不利，棱晶罩灯具光效有所下降，而眩光几乎没有，因此可根据使用场所的要求，选择适当的荧光灯具。如图1-24。

图1-23　LED珠帘（水晶）吊灯

图1-24　荧光吊灯

1.9.2吸顶灯

吸顶灯是直接安装在顶棚上的一种固定式灯具，用作室内一般照明，与吊灯的作用大致相仿。

（1）白炽灯吸顶灯，图1-25

白炽灯吸顶灯品种万千，造型丰富，按其在顶棚安装情况可分成嵌入式、半嵌入式与一般式三类。

①嵌入式吸顶灯，是镶嵌在楼板隔层里的灯具，它有较好的下射配光，如将多个嵌入式吸顶灯在顶棚上布成美丽的图案，再配上控制电路，便会产生各种照明效果。

②半嵌入式吸顶灯，它的作用与造型类同于嵌入式灯具，只是灯具安装后有一半留在外面，露出的部分经过表面处理给人以美感。

③单灯罩吸顶灯，有用乳白玻璃、喷砂玻璃或彩色玻璃制成各种不同形状的封闭体，如长方体、椭球体、圆柱体等，这类灯具光色柔和、造型大方。

④多灯组合吸顶灯，将几只形状相同的单元组装在一起得到一只较大的吸顶灯，组装的方法有多种，有的将各单元绕某一轴对称安装，有的将各单元对称安装在同一平面上，也有的采用不对称方法组装。

⑤由玻璃片、塑料片和挂珠等拼装的吸顶灯，玻璃片上镀有彩色，挂珠会产生折射光，加上金属支架金光闪闪，使灯具外形富丽堂皇。

（2）荧光吸顶灯，图1-26

①直管荧光吸顶灯，有的采用透明压花板或乳白塑料板做外罩，有的安装镀膜光栅，既有装饰性又有实用性，使灯具显得造型大方、清晰明亮。

②紧凑型荧光吸顶灯，同紧凑型荧光吊灯一样，紧凑型荧光吸顶灯也能有白炽吸顶灯的效果。

（3）LED水晶吸顶灯，图1-27

1.9.3门灯

门灯主要有门壁灯、门前座灯、门顶灯等。

（1）门壁灯。有分枝式壁灯与吸壁灯两种。枝式壁灯的造型同室内壁灯，可称得上千姿百态，只是灯具总体尺寸比室内壁灯大一些，因为户外空间比室内大得多，灯具的体积也要相应增大，才能匹配。室外吸壁灯的造型也类同室内吸壁灯，安装在门柱（或门框）上时往往采取半嵌入式。

（2）门前座灯。门前座灯高约2～4m，立于正门两侧，造型有分柱式与亭式两种，这种灯十分讲究造型与装饰效果，无论是整体尺寸、形象，还是装饰手法等，都与整个建筑风格相一致，特别是与

图1-25　白炽灯吸顶灯

图1-26　几款荧光吸顶灯

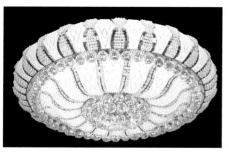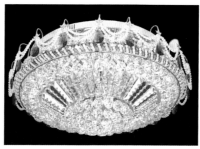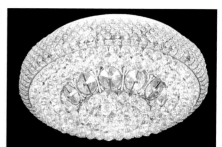

图1-27　几款LED水晶吸顶灯

大门相协调。

（3）门顶灯。门顶灯安装在门框与门柱顶上，灯具本身并不高，但与门柱等融为一体就显得高大了，而且会把建筑物衬托得更加气派。

1.9.4 壁灯

壁灯是一种安装在墙壁、建筑支柱及其他立面上的灯具。壁灯的作用是补充室内一般照明，因此，壁灯的光源功率较小，白炽灯的壁灯，最大功率一般不超过80W，荧光灯壁灯的最大功率一般不超过30W。

（1）白炽壁灯。此灯具是当前主要的壁灯品种，壁灯所采用的灯罩有全封闭与部分封闭两类。全封闭灯罩大多是用乳白、印花或有喷砂图案的玻璃制成，也有用塑料制成的，部分封闭灯罩也有许多品种，如：空腔式灯罩有刻花玻璃、印花玻璃等，还有拼片式、半敞式等。

（2）荧光管壁灯。目前，荧光管壁灯大多采用直管式u形管荧光灯，由于受荧光管管形的限制，荧光管壁灯大多是长方形的，而且与白炽灯不同，荧光管壁灯以吸壁安装为多，灯具使用的材料多采用塑料。如图1-28。

1.9.5 室内移动式灯具

此类灯有台灯、落地灯等等，建筑物室内布置经常发生局部变化，照明设置也将随之而变动，另外，被照物体的移动也要求照明器能一起移动，室内移动式灯具的功率都比较小，起局部照明作用，由于这类灯具与家具、艺术展品等安置在一起，所以其外观也十分讲究。

室内移动式灯具与人体接触甚多，所以灯具的防触电要求比较高，一般采取两种方法，一是加强绝缘，二是超低压电源，以确保人身安全。

1.9.6 有缝光导管

光导管是一根很长的空心圆柱形管道，由具有一定的刚性和弹性的聚苯二酸乙二醇材料制成，其内壁大部分涂有镜面反射层，并沿轴线有一条透光的直带，称为光学缝，有缝导管由此得名。光导管两端有透明末端，形成一密封的管道，在其一端或两端装有辐射导入装置，内有大功率的光源和辐射导入光学系统，辐射导

图1-28　几款壁灯

入光学系统将光源发出的光通量导入光导管内，经光导管的反射，使光通量较均匀地由光学缝射入室内，形成光梁似的照明。

有缝光导管照明装置改变了室内照明的光源、灯具和供电线路的传统格式，从而减少了制造照明器具

（脚注：建筑室内装饰设计方法与实例；第1章 建筑室内采光与照明；026）

的材料和劳动力，并且提高了照明质量，由于可以储备光源，提高了照明系统的可靠性，同时大大减少了设备费和维护费用。

1.9.7 天棚照明器具

将照明器具与吊顶棚结合在一起设计，使照明器具与顶棚一体化，此类灯具称为天棚照明器具。照明器具与天棚器具结合的方式有两种，一是将照明器具与天棚器具框架配合，作为天棚上的一个装置；二是在工厂内将照明器具组装在天棚板上，当安装天棚时，一次性组装。目前天棚照明已广泛应用于高级宾馆、写字楼的会议室、走廊等处。

（1）天棚照明器的特点

①大面积的建筑照明，不宜过多地使用吊灯，因为使用过多吊灯会形成灯具林立，很不美观。通常多用嵌入式或半嵌入式建筑照明，这样就可以避免突出灯具，而使空间更显得整齐美观，易于体现新型设计。

②可调照明灯具、空调设备、消声设备、防灾设施等，统一布置安装，并将建筑物梁及设备管道等隐蔽起来，使整个建筑物更加整齐美观。

③采用不同光源，灯具和不同的建筑形式结合起来，实现建筑艺术多样化，尤其适用于大型多功能、多房间的公共建筑。

④便于建筑物工业化施工，容易保证施工质量。

⑤有利于节约能源和投资。

（2）天棚照明分类

天棚照明可分为发光天棚、格栅照明天棚、发光带照明天棚、发光盒照明天棚和网架结构照明天棚。

①发光天棚。在整个顶棚上安装日光灯管，灯下覆盖半透明的漫射材料乳白透明片，就成了发光天棚，即使装上很多照明器具，而眩光很少。为了装饰美观，可在发光天棚的周边，装置向下直射的灯具，以衬托发光天棚。

②发光带照明天棚。发光带照明天棚，是由多个定型灯具与建筑构件组合而成，构成带状，使日光灯管发出的光不直接射到眼睛上，而安装遮光板或扩散板，可以降低眩光。

③发光盒照明天棚，是由多个定型灯具与天棚顶板组合而成盒状，日光灯管安装在盒内，表面安装遮光板，以减少眩光。

④格栅照明天棚。用格栅代替发光天棚做漫射材料，就形成格栅天棚。格栅天棚的保护角可使眩光减少，格栅一般由不透明或半透明的格片组成，网格有方形、圆形、矩形、椭圆形等，表面经过镀膜处理。

⑤网架结构照明天棚。这种照明装置是将相当数量的光源与金属管网架构成各种形状的灯具网络，它在空间形成建筑风格的一部分，有的依建筑的要求在顶棚上以各种图案形式展开照明，用金属管在室内空间以树枝形分布的网状系统，这种照明结构方式，可以大面积地布满整个棚面。

图1-29 天棚灯

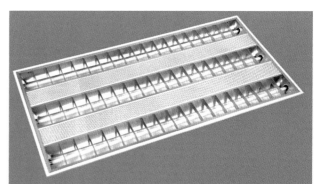

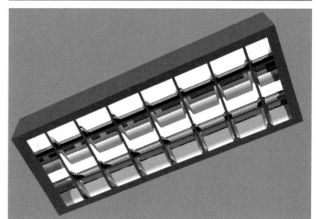

图1-31 格栅灯

图1-30 LED发光天棚

1.9.8舞厅灯

（1）十字头蘑菇型旋转彩灯，采用10只24V、50W封闭式灯泡，对称分布在φ360mm半球表面上，能向四面不同位置投射出五颜六色的光柱，它的灯箱结构较为简洁，直接坐落在通风底座的传动轴上。因此，通电后，彩色光柱只作锥体方向扫描运动。

交流220V电源通过底座插口，由导电刷过渡到柱体内供柱内灯泡使用。

（2）三十头宇宙型旋转彩灯。这种旋转式彩灯采用一只220V、500W或300W卤钨泡放置在φ460mm的球体中心，能向四面八方不同位置射出五颜六色的光柱，在球体内装有排风机和传动电机各一只，电源接通后，排风机及传动电机同时工作，因此球体在作周

而复始地旋转的同时将热空气排出，因其良好的散热性使机体使用寿命延长。

球体通过u型支架牢固地连接在带有传动电机的底座上，交流220V电源通过底座插口，由导电刷过渡到球体内，供球内风机、传动电机及封闭式灯泡使用。

整机通电后，不仅球体自身作垂直方向旋转，而且底座同时带动球体再作水平方向旋转，使球体射出的彩色光柱运动地投射到舞厅的每个部位，增强了活泼感，达到渲染气氛的目的。

（3）卫星宇宙舞台彩灯。该彩灯采用4组R100mm的半圆球体，并配有4只24V/150W溴钨灯泡。每组球体上有13只镜筒，能向不同位置射出五光十色的光柱，整机通电后主体能作水平方向的360°旋转，4组

球体也能作垂直的360°旋转，使射出的彩色光柱运动地投射到舞厅的每个部位，增加了活泼感，达到渲染气氛的目的。

（4）二十头立式滚筒式旋转彩灯，采用20只24V、50W封闭式灯泡，对称分布在φ320mm、长700mm的不等边八角柱体表面上，能向四周不同位置投射出五颜六色的光柱，该灯箱结构较为简洁，它直接坐落在通用底座的传动轴上，所以通电后，彩色光柱只作水平方向的扫描运动，这是此种灯独有的效果。

1.9.9艺术欣赏灯

（1）光导纤维灯。灯具中使用的光导纤维是用透明塑料做芯线，外敷低折射率皮层做成的，它的光导性远远低于光通讯中使用的玻璃光导纤维，但是它加工容易、成本低廉，而且灯具中导光距离很短，所以塑料光纤是制作光导纤维灯的理想材料。

塑料光纤有良好的弯曲性能，可把光纤扎成各种形状和图案，如礼花、绒球可以穿在"福"、"禄"、"寿"、"喜"等字的笔画中，光纤的另一端，用小型白炽灯泡通过有多种透明颜色纸的旋转片来照明。这一端就会现出各种变化颜色的图案或字样。也可用先进工艺将塑料光导纤维直接压制成美丽的牡丹、杜鹃、蔷薇等等花形，当五彩光色通过光纤呈现在花朵上时，犹如盛开的鲜花，光彩夺目。

（2）变色灯。将有很强镜面反光能力的镀铝涤纶薄膜小片，放入盛有三氯三氟乙烷和802硅油混合物的瓶内，混合物的相对密度与涤纶片的密度相近，瓶下置一白炽灯泡，当灯点燃时，产生的热量，使瓶内液体引起对流，于是涤纶小片随液体上下翻滚，白炽灯与瓶底间放一张有多种透明颜色的圆片，光透过圆片射出各种色光，经涤纶小片反射，出现无规则的光色变化，闪闪亮亮，别有风趣。

（3）双色悬浮灯。将热胀系数较大的有色蜡状物放在灌满透明液体的圆柱体瓶内，瓶底装入白炽灯，灯亮后，瓶底加热，蜡状物受热膨胀相对密度变小，表面隆起，加热到一定时间后，蜡状物中的一部分脱离底部上升，上升物成不可名状，无穷变化。当上升物悬浮到上层较冷的液体中，体积缩小又缓缓下降。如此上下运动，使人产生联想。

（4）音乐灯。音乐灯是一种既能奏出音乐曲子又能不断变换灯光颜色的灯具。这种灯有机械和电子两种发声方法奏出音乐，灯光色彩的变化是通过改变不同颜色灯泡的亮暗而获得的。

（5）壁画灯。壁画灯是一种将绘画艺术与灯光艺术结合成一体的壁灯，灯具呈扁平形，透光面绘有图画，内装荧光灯管，灯管不亮时，是一幅精彩的绘画，当灯管点亮后，画面会更加逼真，立体感会更强，甚至还可产生动感，如流水、浮云等。

图1-32　LID舞厅灯

 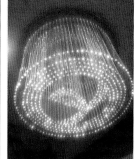

图1-33　几款光纤灯

第2章　色彩与室内装饰环境

2.1 表色方法

颜色是由于各种光谱能量对人的视觉系统的刺激而引起的感觉。定量地表示色或色彩的体系称做表色系。表色系有大类：一类是以光的等色实验结果为依据的，以"光色"为对象的心理、物理学方法，由色刺激表示的体系；另一类是建立在对象在对"表面色"直接评价基础上的，用构成等感觉指标的颜色图来表示的体系。

在混色试验中发现，所有颜色的光都可由三基色按一定比例混合而成。三基色可有很多种选择方式。为了统一规定色度数据，现在国际上公认的RGB表色系的三基色为：红光（R）波长700.0nm、绿光（G）波长546.1nm、蓝光（B）波长435.8nm。但在进行混合试验时发现，在有些情况下，三色系统中的某个系数要取负值，这给计算和直接式光电色度计的研制造成困难。为了克服这些不便，CIE在1931年通过将按照原刺激值RGB的表色系由坐标变换成规定出虚设的刺激值xyz的新表色系，成为CIE实际采用的标准表色系。如图2-1（a）和图2-1（b）。

孟塞尔于1905年创立的颜色图册的表色系统性（图2-2）是把表示色的三个属性，即色相（H）、明度（V）和彩度（C）按照感觉的等距离指标排列起

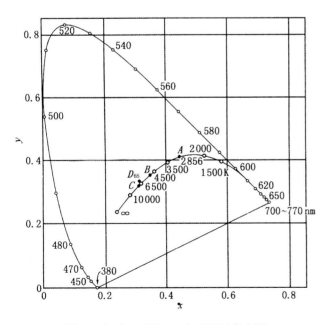

图2-1（a）　CIE1931年采用的色度图

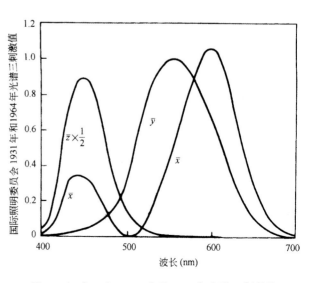

图2-1（b）　CIE1931年和1964年光谱三刺激值

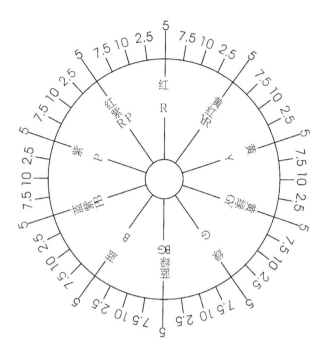

图2-2 孟赛尔立体色相环

来。后经美国光学学会对其进行改进而成现在的孟塞尔表色系。

色相（H）标尺，包括5种主色调：红（R）、黄（Y）、绿（G）、蓝（B）、紫（P）和5个中间色调：黄红（YR）、黄绿（YG）、蓝绿（BG）、紫蓝（PB）和红紫（RP）。这10种色调中，每一种又细分为10级，用在最接近的色相名称前面添加1~10的数字来表示。

明度（V）是色相的明亮程度，理想的黑为零，理想的白为10，在它们之间按感觉上的等距离标尺分成10等分来表示其明度值V。

彩度（C）是彩色的饱和程度，或者反过来说，是该颜色没有被白色冲淡的程度。色相和明度一定的颜色在图册排列中把无彩色作为零，彩度按感觉上的等距离标尺增加。

根据色相、明度、彩度这些标尺的不同编排，可以得到许多标准颜色样品的集合。同时对于有彩色用符号HV/C；对于无彩色用符号N，再标上明度值来表示。例如：朱红色为5R5/12，粉红色为5R8/4，黑色为N1，白色为N9，灰色为N5等等。

2.2 表面色

在实际应用中，更普遍的问题是如何评价由被照试样所反射或透射出来光的颜色，因为对透射和反射可以用同样的原理进行分析，因此，这里仅限于对漫反射表面的反射光色进行讨论。物体的有色表面反射的光，是有选择的，其中某一波长的反射光要比其他面，就是因为次表面是最强反射红光波长的结果。

实验表明，当两种试样具有相同的色坐标，因为亮度系数的不同，使人们看上去却有完全不同的感觉，所以亮度系数对表面颜色显得格外重要。

近年来，随着荧光颜料和染料的发展，对表面色的明度和彩度已经出现令人注目的改善。荧光物质主要是吸收紫外线和蓝光，然后再辐射出可见光，叠加在试样的反射光谱上，这种荧光物质常被用作荧光增白剂，以改善白色材料的自然黄，这在许多材料工业中有着广泛的用途。

2.3 色彩效果

色彩通过视觉器官为人们感知后，可以产生多种作用和效果，运用这些作用和效果，有助于照明设计的科学化。色彩的使用效果主要体现在色彩的物理效果、色彩的生理效果、色彩的标志作用及色彩的吸热能力和反射率等方面。

2.3.1色彩的物理效果

具有颜色的物体总是处于一定的环境空间中。物体的颜色与环境的颜色相混杂，可能相互协调或排斥、混合或反射，结构便影响人们的视觉效果，使物体的大小、形状等在主观感觉中发生这样或那样的变化，这种主观感觉变化，可以用物理单位来表示，即温度感、重量感和距离感等，称之为色彩的物理效果。

2.3.2色彩的心理效果

色彩的心理效果主要体现在悦目性、情感性等方面。

悦目性就是它可以给人以美感；而情感性则说明它能影响人的情绪，引起联想，乃至具有象征的作用。（图2-3）不同颜色会引起人的情绪的不同反应，如表2-1色彩的心理反应所产生的具体联想和表2-2色彩的心理反应所产生的抽象联想所示。

红——热情、爱情、活力、积极；

橙——爽朗、精神、无忧、兴奋；

黄——快活、开朗、光明、智慧；

绿——和平、安宁、健康、新鲜；

图2-3 赏心悦目的灯光效果

色彩的心理反应所产生的具体联想　　表2-1

年龄性别 色	少年 （男）	少年 （女）	青年 （男）	青年 （女）
白	雪、白纸	雪、白色	雪、白雪	砂糖
灰	鼠、灰	鼠、阴天	灰、混凝土	阴云、冬天
黑	夜	头发、煤	夜、雨伞	墨、西装
红	苹果、太阳	郁金香、西服	旗、血	口红、红鞋
橙	橘、柿	橘、人参	橙子、肉汁	橘、砖
茶	土、树干	土、巧克力	皮箱、土	栗子、靴
黄	香蕉、向日葵	菜花、蒲公英	月、雄鸟	柠檬、月亮
黄绿	草、竹	草、叶	嫩草、春	嫩叶
绿	树叶、山	草、草坪	树叶	草
蓝	天空、海洋	天空、水	海、秋空	海、湖
紫	葡萄、紫菜	葡萄、桔梗	裙子、礼服	茄子、紫藤

色彩的心理反应所产生的抽象联想　　表2-2

年龄性别 色	青年 （男）	青年 （女）	老年 （男）	老年 （女）
白	清洁 神圣	清楚 纯洁	洁白 纯真	洁白 神秘
灰	阴郁 绝望	阴郁 忧郁	荒废 平凡	沉默 死亡
黑	死亡 刚健	悲哀 坚实	生命 严肃	阴郁 冷淡
红	热情 革命	热情 危险	革命 热烈 喜庆	热烈 喜庆
橙	焦躁 可怜	卑俗 温情	健美 明朗	欢喜 华美
茶	雅致 古朴	雅致 沉静	雅致 坚实	古朴 淡雅
黄	明快 泼辣	明快 希望	光明 明快	光明 明朗
黄绿	青春 和平	青春 新鲜	新鲜 活跃	新鲜 希望
绿	永恒 新鲜	和平 理想	深远 和平	希望 和平
蓝	无限 理想	永恒 理智	冷淡 薄情	平静 悠久
紫	高尚 古朴	优雅 高尚	古朴 优美	高贵 消极

蓝——冷静、诚实、广泛、和谐；

紫——神秘、高兴、幽雅、浪漫。

不同年龄、性别、民族、职业、文化的人，对于色彩的好恶是不同的。在不同时期内人们喜欢的色彩，其基本倾向也不相同，所谓流行色，即表明当时色彩流行的总趋势。

不同年龄、性别、文化素养、社会经历的人，对色彩引起的联想也不相同。白色会使小男孩联想到白雪和白纸，而小女孩则容易联想到白雪和小白兔。

2.3.3 色彩的生理效果

色彩的生理效果首先在于对视觉本身的影响。也就是由于颜色的刺激而引起视觉变化的适应性问题。色适应的原理经常运用到色彩设计中，一般的做法是把器物的色彩的补色作为背景色，以消除视觉干扰，减少视觉疲劳，使视觉器官从背景中得到平衡和休息。正确地运用灯光色彩无疑有益于身心的健康。

2.4 室内光源与光色效果

室内环境与人工光源的光照效果关系极大。人工光源即照明，它的光谱不像自然光那样是连续光谱，而是断断续续的，因此人工光源呈现出颜色来。当然，随着科技进步，仿日光的新型光源问世，如稀土三基色光源和白光LED光源等，使人们可以享受既节能又有理想光色的人工光照。一般来讲，人工光源光色分为两类：冷色或暖色。人工光源在创造环境气氛方面作用显著，产生的色彩效果超过自然光。

运用人工光源进行照明时，除了考虑其光源的光色外，更重要的是考虑光源色投射物体后物体的固有色重叠以后的效果。对于欣赏壁画、雕刻、雕像等，更需要从人体工程学的角度考虑光源的位置，投射的角度以及被照物体的材料反光特性等问题。研究表明，环境的视觉清晰度是由灯的颜色性质即显色指数Ra和照度lx共同决定的。用显色性好的灯（显色指数Ra>90）照度lx即使降低1/4以上也比用显色性差的灯（Ra<60）效果好，而更让人满意。

图2-4 SPA馆的水疗中心

2.5 色彩与室内空间感

色彩之所以能调节室内的空间感是因为色彩看起来有轻重、远近、冷暖的感觉。其他条件相同的情况下，同样面积的色块明度高的、暖色的、高彩度的看起来不但大些也显得近些，反之则小些、远些。此外，线条分割密，也能使色块看起来比实际的大。色彩视错觉的特性，如果能在室内设计中加以恰当运用，就会创造出我们期望的空间感，使杂乱、拥挤的空间生机盎然、紧凑舒适。如图2-7，采用天棚条形光带照明，色浅又明亮的正面墙在视觉上就会显得距离缩短了，然而侧面墙颜色深，光照又不足，所以看起来就好像后退了，这样原本进深较大的厅现在比例都变了，进深缩小，面宽则增大。这种效果也得益于地面上的深色大理石的分格。分格线可能并不是方形，却有意引起视错觉，达到调整室内空间感的目的。

图2-5 冷色调的室内设计

图2-6 暖色调的室内设计

图2-7 色彩明快的酒店大堂

2.6 室内色彩的协调问题

色彩如何搭配达到协调是室内色彩设计的关键。六大面的背景色彩不是白色就是彩度（饱和度）非常低的淡颜色，容易取得协调，这是确立主色调的方法。当希望产生对比时，非常暗的背景色也是可以的。这是因为黑、白二色能与任何彩色协调的缘故。资料表明，背景颜色的恰当与否，其重要性比灯光的光色大得多。

不论采用相似色调还是对比色调，甚至无彩色调都必须注意"量"的均衡。色块的均衡不仅仅是个面积大小的问题，而是考虑颜色的刺激程度。"万绿丛中一点红"属对比色调但面积相距甚远，说明两者的刺激度同样相差很大。这里不是追求一种"量"的绝对值，其实也没有这个必要，因为我们的视觉接受能力可以调节，就是说有一定的容忍度，一定的适应能力。还有一点值得注意的就是色对比时，如果面积相近，色块的颜色均较刺激，不易取得协调时，可以通过过渡色（一般是黑白灰）或过渡区域的间隙来达到协调，见表2-3～表2-7。

孟赛尔色环配色之二色调和　　　　　　　　　　表2-3

种类	调和记号	特色	注意事项
同一色调和	n:n	非常温和的表情稍觉单调	提高明度差
类似色调和	n:n ± 7.5~12.5	平静、安详的表情	同上
异色调和	n:n ± 7.5 ~ 40	明朗的表情。中间的对比。在变化之中也有某种程度的平静的统一	选择跨及冷暖两区的颜色，提高明度差
补色调和	n:n ± 40 ~ 60	非常明确的表情强烈对比	提高彩度差或明度差

孟赛尔色环配色之三色调和　　　　　　　　　　表2-4

种类	调和记号	特色	注意事项
同一色调和	n:n:n	非常平稳的表情稍稍单调	提高明度差
等差三色调和（正三角调和）	n:n+33:n+66	富于变化、热闹的表情	提高明度差和彩度差
等比三色调和（不等边三角调和）	n:n+20:n+50	有抑扬的表明，有与融合对比的均衡效果	两个暖色，一个冷色，或是与其相反。近似的二个色处理或一方为主，另一方从属，提高明度差，彩度差
补色调和	n:n+25:n+62.5	强烈的抑扬感	同上

孟赛尔色环配色之多色　　　　　　　　　　表2-5

种类	调和记号	特色
同一色调和	n:n:n:n	提高明度差
等差四色调和	n:n+16.5:n+33:n+50	富于变化的热闹的表情
等差四色调和	n:n+12.5:n+30:n+50	有抑扬的表情
	n:n+10:n+27.5:n+57.5	由于色相之间造成大的差异,抑扬感更为强烈

五种色以上的场合,要发展上述的调和或谋求部分的二色调和,三色调和与四色调和,其他的色搞成低彩度辅助使用,做到寻求整体的调和

建筑装修常用色彩调配表　　　　　　　　　　　　　　　　表2-6

序号	调配色	主色	次色	副色	序号	调配色	主色	次色	副色
1	奶油色	白	黄		8	天蓝色	白	蓝	
2	奶黄色	白	黄	红	9	肉红色	白	红	黄
3	灰色	白	黑		10	粉红色	白	红	
4	蓝灰色	白	黑	蓝	11	紫红色	红	蓝	黑
5	绿色	蓝	黄		12	棕色	黄	红	黑
6	湖绿色	白	黄	蓝	13	浅柚木色	黄	黑	
7	墨绿色	蓝	黄	黑	14	深柚木色	黄	黑	红

建筑装修常用颜料性能比较表　　　　　　　　　　　　　　　表2-7

色别	颜料名称	主要性能	使用范围
白	钛白	色较白，遮盖力与附着力强，耐光、热、稀酸、硫等较好	其中金红石型耐气候好，用于室外，锐钛白白度较好，多用于室内
	锌钡白（立德粉）	耐光性低，大气稳定性较差，价低廉	用于室内
	锌白	有毒，耐光性好、不受硫化氢使用而变黑。色变，不耐水，也不耐久	用于室内油漆
	铅白	耐光好，受硫化氢作用时变黑，大气稳定性好，与钢、木均有良好粘结力，有毒	用于油漆打底
黄	铅铬黄	耐光性好，不受硫化氢作用时变黑，防锈性能好，遮盖力不强	可用作防锈漆
	锌铬黄	从柠檬黄至橘黄，遮盖力好，着色及耐气候好，暴晒后变暗	常作防锈漆
	土黄	耐光性好，耐久，防锈性差	作地板油漆及水性涂料
绿	锌绿	耐光性好，不耐碱、稳定性差，防锈好	用于钢铁防锈
	铬绿	耐光性，稳定性，防锈均好	用于钢铁防锈
蓝	铁蓝	着色力好，遮盖力稍差，耐光，耐气候，耐酸，不耐碱	
	酞菁蓝	色鲜艳，着色力强，耐力与热较好	
红	银朱	耐水、耐光	
	土红	耐光性及稳定性好，防锈性差	用于室内外水性涂料
	甲苯胺红	鲜明耐光、水、油等性能均好	
	立索尔红	耐光好	
黑	炭黑	遮盖好、着色力强，耐热、耐化学、稳定性好	用于室内外

第3章 室内装饰材料应用

3.1 室内装饰材料的分类与特点

建筑室内装饰材料是指用于室内环境中的装饰材料。其实大多数建筑外部装饰材料均可以作为室内装饰用，尤其是室内追求室外化倾向较为突出的时候更是这样。

当代材料科学高度发展的重要特点之一，就是给古老的材料赋予新的生命力，使材料用途的分类越来越交错，很难分清哪些是结构材料，哪些是装饰材料，哪些是功能材料。

但是，室内装饰材料和室外结构材料以及功能材料并不是没有界限，没有自身的特点，见表3-1。室内装饰用材选择自由度比较大。从装饰的角度看，

常用建筑装修材料分类与性能 表3-1

分类	名称		常用材料	物理化学性能						适用范围					说明
				强度	耐磨	耐水	燃烧	耐腐蚀	耐老化	室内	室外	顶棚	墙面	地面	
无机	天然石	火成岩	花岗石	○	○	○	不燃	○	○	○	○		○	○	可锯剖成块材或板材；可轧成碎块，石渣或砂；可与水泥拌和制成人造石。硬度大，加工困难
		变质岩	大理石	○	○	○	不燃	×	易风化	○	×		○	○	
	陶瓷制品	不上釉	缸砖、面砖、集锦砖、花饰	○	○	○	不燃	○	○	○	○		○	○	由瓷土加入各种掺料塑造成型，然后经过焙烧。可制成各种形状和尺寸
		上釉	瓷砖、琉璃、花饰	△		○	不燃	○	○	○	○		○	×	
	胶凝材料及其制品	气硬	白灰	×	×	×	不燃	×	○	△	×	○	○	×	白灰经水化成石灰膏，每公斤石灰的产量1.8-2.4升，可拌和抹成砂浆，还可制成炭化板
			石膏	×	×	×	不燃	×	○	○	×	○	○	×	石膏可作抹灰、花饰，还可作嵌缝等之用
			镁质	△	○	×	不燃		○				○	○	镁质材料如菱苦土。用木屑作骨料。可用来作地面、窗台、隔墙。不能用于潮湿地方
			水玻璃												水玻璃可拌成胶泥、砂浆等，用于耐酸地面或耐酸贴面粘合剂，嵌缝

分类	名称		常用材料	物理化学性能						适用范围					说明
				强度	耐磨	耐水	燃烧	耐腐蚀	耐老化	室内	室外	顶棚	墙面	地面	
无机	水硬		水泥	○	○	○	不燃	×	○	○	○	○	○	○	可与砂、石等骨料拌成各种浆或混凝土。也可制泡沫混凝土，加气混凝土，可塑造成各种形状的花格、构件、板材、块材等制品
	玻璃		窗玻璃、压花玻璃、晶体玻璃、隔热玻璃、钢化玻璃、镜面玻璃	○	○	○	不燃	○	○	○	○	○	○	×	由矿物熔融成型。能透光，透视线。常用窗玻璃2mm、3mm、5mm、6mm等厚。还可制成玻璃砖、玻璃瓦、玻璃管、玻璃纤维、泡沫玻璃和玻璃零件。平板玻璃面可以磨砂、刻花、腐蚀、压花成不透视线的透光玻璃。还可加颜料或涂颜料制成各种彩色玻璃
	无机纤维及其制品		矿棉、石棉	×	×	○	不燃	○	○	○	○	○	○	×	可制成各种织物或水泥，白灰、石膏制品，如石棉毡、石棉布、水泥石棉瓦（平板、波形）、矿棉板的自重小，可作保温、隔热顶棚与隔墙
有机	木材		檀、杉、榆、柞、桦、杨、水曲柳、色木、樟木	△	○	×	燃烧	易腐蚀		○	△	○	○	○	加工方便。可锯成薄片、板材、块材。可用胶粘合成各种不同厚度的胶合板。木屑、刨花等可制成木屑板、刨花板等
	竹材		毛竹、淡竹、紫竹、石竹	△	○	×	燃烧			○	△	○	○	○	可整根使用或劈篾，可编织
	纤维及其制品		植物纤维或动物纤维		×	×	燃烧			○	×	○	○	×	可制成各种织物、纸基、毛毯、毛毡、板材、壁纸、锦缎
	胶粘材料及其制品		沥青、柏油、橡胶	△	△	○	燃烧	○	×	○	○	○	△	○	与各种纤维制成油毡、卷材或无胎板材。与砂拌和成沥青砂浆
	油漆	天然	广漆	○	○	○	燃烧	○	△	○	○	○	○	○	用来喷涂于金属、竹、木、水泥等制品的表面起保护作用
		人造	清漆、调和漆、磁漆			○	燃烧			○	○	○	○	×	
	塑料	热固性	酚醛塑料环氧树脂	○	○	○	燃烧	○	×	○	○	○	○	○	由树脂、填充料、颜料等组成。可塑造成各种板材、块材、泡沫块材。可与木板、纸基、钢板制成复合板或者塑料贴面板。还可掺入油漆、砂浆、混凝土，拌成塑料漆、聚合砂浆、聚合混凝土
		热塑性	聚乙烯、聚氧乙烯												
金属	黑色		铸铁、碳钢、合金钢、不锈钢	○	○	○	燃烧	×	○	○	○				可铸造成各种形状的零件、花饰门窗、栏杆、栅栏。钢可制成各种不同厚度的钢板以及型钢（L型、工字型、槽钢、扁钢、钢管、钢筋、钢丝）。可进行切、割、焊、铆、钉的加工和连接
	有色		金、银、铜、铅、铝、锌、锡、镍等及其各种合金	○	○	○	不燃		○	○	○				可敷盖于各种构件表面。如镏金、镀银、镀锌薄钢板，镀锌钢管、镀锌铁丝等。还可制成各种门窗和零件，如铜或铝窗帘轨、地毯棍、门、窗、家具五金。各种有色金属板材可做防水层。如制成粉末可作防锈涂料

室内装饰材料更注重材料的颜色、质地和纹理等表面特性。

室内装饰材料品种繁多，用途不一，功能千差万别，通常采用下述分类方法。

3.1.1根据化学成分的不同分类

黑色金属材料：钢、铁、铁花、不锈钢等

（1）金属材料
> 有色金属材料：铝、铜、金、银、钛金等
> 无机非金属材料：大理石、玻璃、建筑陶瓷等

（2）非金属材料
> 有机非金属材料：木材、建筑塑料等
> 金属与非金属复合：涂塑钢板、铝塑板、塑钢管等

（3）复合材料

无机与有机复合：人造花岗石、人造大理石等

所谓复合材料，是指由两种或两种以上的材料，组合成为一种具有新的性能的材料。复合材料往往具有多种功能。因此，它是现代室内装饰材料的发展方向。

3.1.2根据室内装饰部位分类

> 地毯类
> 塑料地板
> 地面涂料

（1）底面装饰材料
> 陶瓷地砖（包括陶瓷锦砖）
> 人造石材
> 天然石材
> 木地板
> 各种木质表面的型材和胶合板
> 内墙涂料
> 壁纸与墙布
> 织物类
> 微薄木贴面装饰板（0.2～1.0mm）

（2）侧面装饰材料
> 铜浮雕艺术装饰板
> 陶瓷墙面板（包括艺术墙面砖、陶瓷壁画等）
> 玻璃制品
> 人造石材
> 天然石材
> 石膏板材
> 塑料吊顶材料
> 铝合金顶棚
> 石膏板材
> 玻璃钢吊顶装饰板
> 玻璃棉顶棚吸声板

（3）顶面装饰材料
> 膨胀珍珠岩装饰吸声板
> 各种木质表面的型材和胶合板
> 矿棉板（包括矿棉水泥板）
> 钙塑板
> 壁纸装饰板
> 涂料

3.2 材料的光学性质

在日常生活中，我们所看到的光，大多数是经过物体透射或反射的光。例如，粉白墙壁反射出明亮的光线；宽大透明玻璃窗透入大量的光线；乳白玻璃罩使室内照明光线柔和均匀。这表明材料对光线都具有反射或透射的作用，而且不同的材料会产生不同的效果，这些都与材料的光学性质有关。因此，在照明设计时，必须对常用的各种材料的光学性质有所了解，并根据它们的特点合理应用。

3.2.1反射、透射和吸收系数

光在传播过程中，遇到介质（如玻璃、空气、墙体等）时，入射的光通量 Φ 的一部分 $\Phi\rho$ 被反射；一部分 $\Phi\gamma$ 透过介质进入另一侧的空间；而有一部分 $\Phi\alpha$ 被吸收，如图3-1所示。这三部分光通量与入射光通是 Φ 之比分别称为反射比 ρ、透射比 τ、吸收比 α，即：

$$\rho = \Phi\rho / \Phi \qquad (3-1)$$

$$\tau = \Phi\gamma / \Phi \qquad (3-2)$$

$$\alpha = \Phi\alpha / \Phi \qquad (3-3)$$

根据能量守恒定律可得

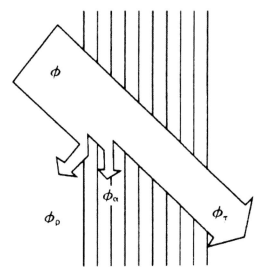

图3-1 光的反射、透射和吸收示意图

$$\Phi = \Phi\rho + \Phi\gamma + \Phi\alpha \qquad (3-4)$$

$$\rho + \tau + \alpha = 1 \qquad (3-5)$$

表3-2是常用材料的透射比、反射比和吸收比推荐值。

要做好照明设计，除了解上述的比例系数外，还应知道光线遇到介质后的分布情况。

3.2.2材料的光学分类

光线经材料的反射和透射之后，会在空间的分布上发生变化，这与材料表面的光滑程度和材料内部的分子结构有关。按光线经反射和透射后在空间分布的状况，材料可分为三类：定向的反射和透射材料；扩

常用材料的透射比、反射比和吸收性比推荐值　　　　表3-2

材料名称	光学特性	透射比r（%）	反射比ρ（%）	透射比α（%）	厚度（%）
透明的无色玻璃	定向	89～91	2～8	1～3	1～3
磨砂玻璃（磨砂）	定向散射	72～85	12～15	3～16	1.8～4.4
磨砂玻璃（酸蚀）	定向散射	75～89	9～13	2～12	1.3～3.7
深色的乳白玻璃	漫射	10～66	30～76	4～28	1.3～3.7
乳状玻璃	定向散射	45～55	40～50	4～6	1.3～6.2
乳白色玻璃	混合		30～60		1.5～2
有机玻璃		63	22	2～3	
镀银之镜面玻璃	定向		70～85		
镶光玻璃	定向		65～75		
镶铝毛面	定向散射		55～60		
白铁	定向		65		
煤			3～5		
硫酸钡、氧化镁	漫射		95		
白珐琅	混合		65		
白色胶染料	漫射		80		
白色粉刷	漫射		76		
水泥砂浆粉面	漫射		45		
水磨石面（灰色）	混合		32		
砂墙（黄色）	混合		31		
白色瓷砖（粗面）	混合		67		
上色瓷砖（粗面）	混合		39		
室内常用装饰色彩					
淡奶油色			75		
灰色			55～75		
蓝色			35～55		
黄色			65～75		
米色			63～70		
绿色			52～65		

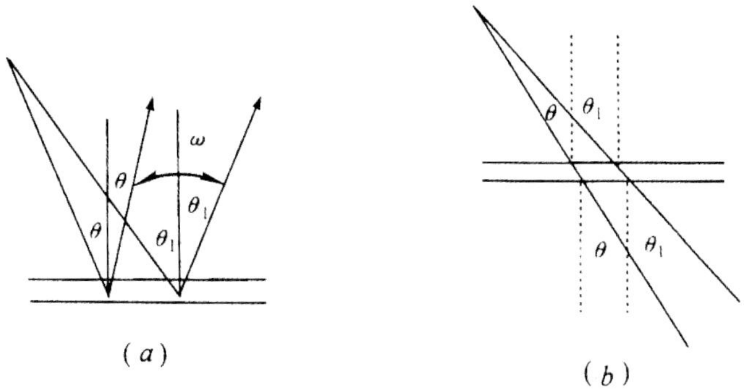

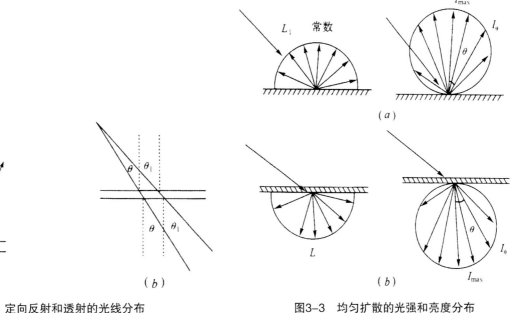

图3-2 定向反射和透射的光线分布
（a）定向反射；（b）定向透射

图3-3 均匀扩散的光强和亮度分布
（a）扩散反射；（b）扩散透射

散的反射和透射；混合的反射和透射材料。

（1）定向反射和透射材料

①定向反射材料：定向反射材料的表面是很光滑且不透的，如镜子和磨得很光滑的金属表面。

图3-2（a）所示是定向反射的光线分布情况，它仅是按入射角等于反射角的规律改变光线的方向，其立体角保持不变。因此，在反射角方向上可以清楚地看到入射光源，而偏离这个方位则看不见了。反射面没有自身的亮度，它只是反射光源的亮度。利用这一特点，可把反射面放在合适的位置，从而把光线反射到需要的地方去，如投光灯就是利用镀银的曲面定向反射使光线集中投射到较远的场地，也可利用这个特点来避免光源在视线中出现，以防刺激眼睛，影响视力。铝是最常用的镜面定向反射材料，许多大功率的照明器都采用它来制作灯罩。

②定向透射材料：定向透射材料是透明的，其表面光滑，如平板透明玻璃等。图3-2（b）所示是定向透射光线的分布情况，定向透射光束的立体角和方向均保持不变，仅在材料内部发生轻微的折射。透射表面没有自身的亮度，只是透过光源的亮度而已。平板玻璃的两侧表面彼此平行，透射过来的光线方向与入射的方向相同。所以隔着玻璃窗看外景很清楚且不变形。若玻璃厚薄不均、质地不匀、各处的折射角不同，透射过来的光

线也就与入射方向不一了。隔着这种玻璃看到的东西是变形的。压花玻璃正是利用了这一特点，以达到既能透光又看不清另一侧物体的目的。

（2）扩散反射和透射材料

扩散反射材料是表面粗糙且不透明的材料，如白粉墙、石膏饰面板、白色无光漆的表面等。实际上大部分无光泽的、粗糙的建筑材料都可近似地看成为扩散材料。

扩散透射材料是半透明的材料，如乳白玻璃和半透明塑料等。

扩散反射和透射材料使入射光线发生扩散反射和扩散透射，它们的特点是光线均匀地向周围空间反射或透射，即入射光经扩散后，被分散到更大的立体角内，故又称为均匀扩散。均匀扩散的光强与亮度分布如图3-3所示。

均匀扩散时，各个方向的亮度相同，它们的反射光（或透射光）的光强分布是切于入射光线和受光表面交点的一个圆球，且与入射光的方向无关。

扩散反射和扩散透射的发光体或发光表面，从各个方向看亮度都是相同的，看不见光源，不会产生强光刺眼的现象，从而形成亮度分布相当均匀的大片发光面。用扩散透射材料制作的灯罩和发光顶棚，光线均匀散射使人感到柔和舒适。

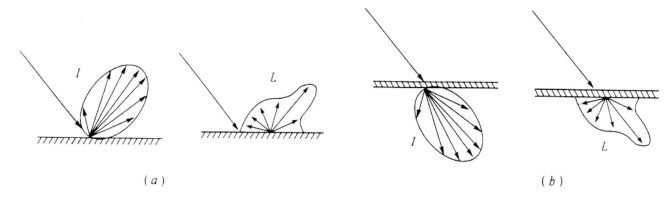

图3-4 混合反射和透射的光强和亮度分布
（a）混合反射；（b）混合透射

（3）混合反射和透射材料

这类材料同时具有定向和扩散的两种性质，即入射光被扩散在较大立体角内，但在某一方向上还具有最大亮度。混合反射和透射材料的光强和亮度分布状况如图3-4所示。

混合反射材料常用的有搪瓷表面和较粗糙的金属表面等。混合反射的反射部分，与光线的入射角有关。入射角在0°～45°范围内，搪瓷材料的定向反射成分只占入射光的5%～6%，如入射角增大，其定向反射成分将大幅度增加。由于混合反射中有定向反射成分，所以在反射角处就不能清晰地看到光源。

常用的混合透射材料有较薄的乳白玻璃、磨砂玻璃等。

3.3 室内色彩与材质

室内材质的特性表现与光照有着密不可分的关系，没有光照就不可能显现出材质，在光照的作用下，材质的特性才会尽情地表现出来。

（1）粗糙与光滑

未加工的石材、原木、砖块等材质表面都很粗糙，而玻璃、抛光金属、釉面陶瓷、丝绸等则给人以光滑的感觉。同样是光滑表面，不同材料有不同的质感例如抛光金属和丝绸给人的感觉就大不相同，前者冰冷、坚硬，后者柔软、温暖。

（2）软与硬

许多纤维织物都有柔软的质感。比如羊毛织物，其质地给人以温暖柔软的感觉。硬的材料有砖石、金属、玻璃等，则给人以冷峻的感觉。

（3）光泽与透明

抛光金属、玻璃、磨光花岗石、大理石、釉面砖、瓷砖等材料都有很好的光泽度。光泽材料通过表面的反射使室内空间感扩大，是活跃室内气氛的好材料。如图3-5。

（4）冷与暖

材质的冷暖表现在身体触觉的感知上。一般来说，与人体密切接触的部分，要求采用柔软温暖的材质。触觉的冷暖必须与色彩的冷暖协调搭配（图3-6），才能获得视觉与触觉的和谐统一。

（5）透明度

包括透明材料和半透明材料，都是材质的重要属性。常见的透明材质有玻璃、丝绸等，透明材料的使用使空间更加通透、明亮。在空间感上透明材料是敞开的，具有轻盈感；而不透明材料具有厚重、私密感；半透明材料既有透光性也有私密性，更具魅力。

（6）肌理

肌理是材料本身表现出的纹理结构。各种材料表现的肌理效果各不相同。充分借用材料的肌理及色彩的表现进行室内装饰设计可达到浑然天成的效果。

需要注意的是色彩搭配往往涉及材料的组合问题。材料的质感同颜色一样，单一的情形下无所谓好与坏，只有搭配组合才能看出整体效果。材料的质感直接影响室内装饰的风格特征，体现出设计者的个性色彩。

图3-5 车站大厅的空间设计

图3-6 居室设计中材质的冷暖协调搭配

3.4 根据材料特点应用装饰材料

从材料特点来看，木材是优良的装饰材料，导热性低、手感好，又有漂亮的纹理、温暖的颜色，而且有轻质高强、易于加工等优点，故深受人们喜爱（见表3-3常用硬木地板规格与树种）。除木材之外，在室内装饰设计中，使用石材（天然石材和人造石材）的机会较多。花岗岩、大理石这些天然石材还是常被用作公共场所如大厅之类的地面和墙面的装饰材料的。这不仅因为天然石材耐久性、耐磨性能较好，而且容易与室外环境相联系，让人有置身于自然的感觉，更何况天然材料有自然之趣，图案和纹理有较大的选择性，装饰效果典雅而高贵（见表3-4、表3-5、表3-6）。室内装饰材料中织物、地毯之类也是很有特色的。纺织品触觉舒适、柔软，品种多样，选择的幅度大，其图案和色彩都可与室内装饰相得益彰，恰到好处。

现代工业和后现代工业社会，"回归自然"是室内装饰的发展趋势之一，因此室内装饰常适量地选用天然材料。即使是现代风格的室内装饰，也常选配一些天然材料，由于天然材料具有优美的纹理和质量，它们和人们的感受易于沟通。常用的木材、石材等天然材质的性能和品种有以下特性：

木材：具有质轻、强度高、韧性好、热工性能佳且手感、触感好等特点，纹理和色泽优美，易于着色和油漆，便于加工、连接和安装，但需注意必须做好防火和防蛀处理，表面的油漆或涂料应选用不散发有害气体的涂层。

杉木、松木——常用作内衬构造材料，因纹理清晰，经现代工艺改造后可作装饰面材；

柳桉——有黄、红等不同品种，易于加工；

水曲柳——纹理美，广泛用于装饰面材；

阿必东——产于东南亚，加工较不易，用途同水曲柳；

椴木——纹理美，易加工；

桦木——色较淡雅；

枫木——色较淡雅；

橡木——较坚韧，近年来广泛用于家具及饰面；

山毛榉木——纹理美，色较淡雅；

柚木——性能优，耐腐蚀，用于高级地板、台面及家具等。

此外还有雀眼木、桃花心木、樱桃木、花梨木等，纹理具有材质特色，常以薄片或夹板形式作小面积镶拼装饰面材。

石材：浑实厚重，压强高，耐久、耐磨性能好，纹理和色泽极为美观，且各品种的特色鲜明。其表面根据装饰效果需要，可作凿毛、烧毛、亚光、磨光镜面等多种处理。天然石材作装饰用材时宜注意材料的色差，如施工工艺不当，湿作业时常留有明显的水渍或色斑，影响美观。

花岗石：

黑色——济南青、福鼎黑、蒙古黑、黑金砂等；

白色——珍珠白、银花白、大花白、森巴白等；

麻黄色——麻石（产于江苏金山、浙江莫干山、福建沿海等地）、金麻石、菊花石等；

蓝色——蓝珍珠、蓝点啡麻（蓝中带麻色）、紫罗兰（蓝中带紫红色）等；

绿色——栖霞绿、宝兴绿、印度绿、绿宝石、幻彩绿等；

常用硬木地板规格与树种   表3-3

类 别	层次	规格（mm）			常用树种	附注
		厚	长	宽		
长条地板	面	12～18	800	30～50	硬杂木、柞木、色木、水曲柳	
	底	25～50	800	75～150	杉木、松木	
拼花地板	面	12～18	200～300	25～40	水曲柳、核桃木、柞木、柳桉、柚木、麻栎	单层硬木拼花仅能用于实铺法
	底	25～30	800	75～150	杉木、松木	

名称	化学成分与特征	物理力学性能				用途
		容重	抗压	吸水率	其他	
		（kg/m^3）	（kg/cm^2）	（%）		
花岗岩	属火成岩，主要成分为石英、长石、云母。耐酸、硬度大。当云母含量多时则强度降低。呈灰色、黄色、淡红等	2300～2800	1200～2000	0.10～0.70	磨耗率0.07~0.36cm^3/cm^2，孔隙率0.19%~0.36%，导热系数2.5千卡/m·度·h，蓄热系数21.9kCal/m^2·度·h，抗火性差、易开裂、可磨光	多用于室外台阶、墙面、墙基、纪念碑、窗台、压檐。其他还有桥梁、道路、水利工程和耐酸工程
辉绿石	属火成岩。由辉石、斜长石组成。耐酸性强，呈绿色	2530～2970	1600～2500	0.80～5.00		多用于地面、明沟、台阶和耐酸工程
石灰岩	属沉积岩。主要成分：碳酸钙，较纯的石灰岩呈白、淡灰、淡红。一般呈暗灰。抗风化性好。耐碱，不耐酸，易受水溶解	2300～2700	200～1600	0.10～4.45	质地细密，易于琢磨。孔隙率0.35%~0.25%	用于外墙面、基础和混凝土。是石灰、水泥的主要原料
大理石	属溶积岩。由石灰岩受高温、高压变质而成。主要成分是碳酸钙（CaCO$_3$）。纯大理石为白色。当含其他杂质时即呈灰、黑、红、绿等色。不耐风化、不耐酸，易受水溶解，但耐碱	2700左右	1200左右	0.10～0.80	磨耗率0.2~0.8cm^3/cm^2，组织细密、坚实、可磨光。蓄热系数21.9kCal/m^2·度·h	多用于室内装修。如墙面、地面、窗台、板、门套、楼梯踏步。其碎块与石渣可做美术水磨石
砂岩	属沉积岩，为砂粒胶结组成。呈灰、黄、白、淡红等色	2200～2700	470～1800	0.20～7.0	抗火性好，孔隙率0.20%~0.25%，蓄热15.5kCal/m^2	多用于墙基、台阶、路面、外墙面
板岩	属变质岩。由黏土岩变质形成。主要成分为石英、云母、黏土。呈青、黑等色	2000左右	300	0.10～0.30	易劈成薄片	多用于路面或外墙面

花岗石产地与特征　　　　　表3-5

产地	特征	产地	特征
山东	呈黑及黄色	浙江	呈灰绿色
安徽	呈黄褐或棕褐	江苏	灰白、肉红、黄白
新疆	呈灰绿色	北京	呈白、红、黑
湖南	呈灰绿色		

代号	名称	原名	产地	特征
A1	汉白玉	房山白、汉白玉	北京房山、湖北黄石	玉白色微有杂点或脉纹
A2	晶白	湖北白、汉白玉、晶白	湖北	白色晶粒细致而均匀
A3	雪花	雪花白	山东掖县	白间淡灰色有规则中间有较多，黄黯杂点
A4	雪云	灰花	广东云浮	白和灰白相间
A5	影晶白	高资白	江苏高资	乳白色有微红至深褚的陷纹
A6	墨晶白	曲阳玉、曲阳汉白玉	河北曲阳	玉白色微晶有黑色纹脉或斑点
A7	风雪	云南灰	云南大理	灰白间有深灰色晕带
A8	冰琅	粗晶白、雪花石	河北曲阳	灰白色均匀粗晶
B1	黄花玉	浅黄玉、黄花玉	湖北黄石	淡黄色有较多稻黄脉络
B2	凝脂	奶油、奶油白	江苏宜兴	猪油色底稍有深黄细脉，偶带透明杂晶
C1	碧玉	东北绿	辽宁连山关	嫩绿或深绿和白色絮状相渗
C2	彩云	云彩	河北获鹿	浅翠绿色底深浅绿絮状相渗，有紫斑或脉纹
C3	班绿	莱阳绿	山东莱阳	灰白色灰底布有深草绿点斑状或堆状
D1	云灰	芝麻白	北京房山	白色浅灰底有烟状或云状黑纹纹带
D2	晶灰	豆青、细晶灰	河北曲阳	灰色微褚均匀细晶间有灰条纹或褚色斑
D3	驼灰	猪肝	江苏苏州	土灰色底有黄褚色浅色疏脉
D4	裂玉	银河、裂玉	湖北大冶	浅灰带微红色底有红色脉络和青灰色斑
D5	海涛	秋景	湖北	浅灰底有深浅间隔的青色条状带
D6	象灰	潭浅玉	浙江潭浅	象灰底杂细晶斑，并布有红黄色细纹路
D7	艾叶青	艾叶青	北京房山	青底深灰间白色叶状斑云间有片状纹缕
D8	残雪	雪浪	河北铁山	灰白色有黑色斑带
D9	螺青	螺丝转	北京房山	深灰色底布青白相间螺纹状花纹
D10	蜀灰	下蜀灰		
E1	晚苇	白银石、晚霞	北京顺义	石黄间土黄斑底，有深黄叠脉间有黑晕
E2	蟹青	黄豆瓣	河北	黄色底遍布深灰或黄色砾斑间有白夹层
E3	虎纹	咖啡	江苏宜兴	褚色底布有流纹状石黄经络
E4	灰黄玉	灰黄玉	湖北大冶	浅黑灰底有陶红色黄色和浅灰色脉络
E5	锦灰	电花	湖北大冶	浅黑灰底有红色和灰白色脉络
E6	电花	杭灰	浙江杭州	黑灰底满布红色间白色脉络
F1	桃红	曲阳红、玫瑰	河北曲阳	桃红色粗晶有黑色缕纹或斑点
F2	银河	银河	湖北下陆	浅灰底密布粉红脉络杂有黄脉
F3	秋枫	宁红、南京红	江苏南京	灰红底有血红晕脉
F4	砾红	红根	广东云浮	浅红底满布白色大小碎石块
F5	桔络	长兴红	浙江长兴	浅灰底密布粉红和紫红叶脉
F6	岭红	铁岭红	辽宁铁岭	紫红碎螺脉杂以白斑
F7	紫螺纹	安徽红	安徽灵璧	灰红底满布红灰相间的螺纹
F8	螺红	东北红	辽宁金县	降红底夹有红灰相间的螺纹
F9	红花玉	红花玉	湖北大冶	肝红底夹有大小浅红碎石块
F10	五花	紫豆瓣	江苏苏州、河北	绛紫底遍布深青灰色或紫色大小砾石
G1	墨壁	墨玉	河北获鹿	黑色杂有少量浅黑陷斑或少量土黄缕纹
G2	星夜	苏州黑、苏黑	江苏苏州	黑色间有少量白路或白斑

浅红色——玫瑰红、西丽红、樱花红、幻彩红等；

棕红、橘红色——虎皮石、蒙地卡罗、卡门红、石岛红等。

深红色——中国红、印度红、岑溪红、将军红、红宝石、南非红等；

大理石：

黑色——桂林黑、黑白根（黑色中夹以少量白、麻色纹）、晶墨玉、芝麻黑、黑白花（又名残雪，黑底上带少量方解石浮色）等；

白色——汉白玉、雪花白、宝兴白、爵士白、克拉拉白、大花白、鱼肚白等；

麻黄色——锦黄、旧米黄、新米黄、金花米黄、金峰石等；

绿色——丹东绿、莱阳绿（呈灰斑绿色）、大花绿、孔雀绿等；

各类红色——皖螺、铁岭红（东北红）、珊瑚红、陈皮红、挪威红、万寿红等。

此外还有如宜兴咖啡、奶油色、紫地满天星、青玉石、木纹石等不同花色、纹理的大理石。

3.5 装饰材料的选用
3.5.1 从艺术角度选择材料

建筑设计的出发点就是造就环境，这个环境应当是自然环境与人造环境的融合。而各种材料的色彩、质感、触感、光泽等的正确运用，将在很大程度上影响到环境，见表3-7。

室内环境设计是技术与艺术的结合。它强调材料的质感和光影效果的应用，充分体现高度发达的工业

常见材料变色特性　　　　　　　　　　　　　　　　　　表3-7

变色类型	化学作用	物理作用	电化作用	迁移作用	热色效应	光致褪色	二色性问题	材料变色程度
釉面砖		□		△				不易变色
彩色瓷粒饰面		□		○				
无釉外墙面砖		○						
玻璃		△		△				
天然石材	□	○					□	
金属装饰材料	□	□		△				
石渣类饰面	△	□	△	△		○		
白水泥	○	□		□	△			容易变色
钙塑板	○	□			△			
有机玻璃	○				△	□		
溶剂型涂料	△	○		△	△		□	
普通塑料壁纸	□	○		△				
贴墙布及发泡壁纸	△	□		△		□		
其他塑料制品	○			□	△	△		
彩色水泥	△	□		△		△		
装饰混凝土	△	△		△		△		
乳液型涂料	○	□		△		△		
透明清漆	△	△		△	○		□	

附注：□表示极易发生；○表示不易发生；△表示容易发生；空白：表示基本可不考虑。

技术的先进性，同时也不忽视带有地方色彩和民族风情的地方材料的应用。现在，很多国外旅馆的室内设计，就是追求在现代化的使用功能基础上，运用先进的材料和技术，表现民族传统和地方特色，称之为融自然于一体或"人类回归于自然"。

赢得技术美的最好手段是以美感的鉴别力和敏感性去着力表现材料的色泽、纹理和质感；同时还要善于发挥材料的装饰属性，以美感的联想力和严谨性表达材料的结构特征及其工艺性。

优美的装饰艺术效果，绝不是多种材料的堆积，而要体现在材料本质的构造美的基础上，精于选材，善于用材，使材料合理配置，体现格调统一的质感。即使光泽相近的不同材料通过精心设计和巧妙搭配，也会因其质感各异而呈现别样的效果。反之，再好的材料也会显得华而不实，杂乱无章。

我国民间竹木家具是在顺应材质坚韧易弯的特点上，突出表现粗细随形的加工技术，这是一种手工随意手法的结构特征；明式家具将木材纹理寓于独特的框架结构之中，既发挥了木材结构性能的长处，又克服了木材胀缩翘曲的缺点，表现出手工技术严谨精致的结构特征。现代壳体模塑家具和组合式系统家具，则以强度均匀而质轻的工业化工材料为基材，显示出

高精度、高效能加工技术所特有的严密的结构特征。

不同材料的质感往往会形成不同的尺度感和冷暖感，同样大小的圈椅，藤编的就比木制的显得宽敞一些；而同样使用功能的炊具，木制的给人以温暖感，不锈钢的给人以冷感。

选择材料还应考虑到功能的要求。如旅馆中的客房和厨房，后者应首先考虑到材料是否容易擦洗、耐脏、防火等。为此，厨房的顶棚和墙面就不宜采用纸质或布质的装饰材料；材料表面也不宜有各种凹凸不平的花纹图案等。否则容易积灰，加上厨房油污严重难于清洗。

材料色彩的选择也十分重要，它是构成人造环境的重要内容。

各种色彩能使人产生不同的感觉。虽然色彩本身没有温度差别，但是红、橙、黄色，使人联想到太阳和火而感觉温暖，因而称为暖色；绿、蓝、紫罗兰色，使人联想到大海、森林而感到凉爽，因而称为冷色。暖色调使人感到热烈、兴奋，冷色调使人感到宁静、清凉。因此，夏天的冷饮店一般采用冷色调；（图3-7）需要集中思考和从事精密细致的工作场所，也应选用冷色；北方寒冷地区地下室和冷藏库就要用暖色调，给人们以温暖的感觉。

图3-7　冷饮店清凉的装饰效果

图3-8　用绿色装饰的医院

图3-9　上明下暗的空间装饰

幼儿园和托儿所的活动室，宜用中黄、淡黄、橙黄、粉红的暖色调，再配以新颖活泼的图案，以适合儿童天真活泼的心理；寝室则应用浅蓝、青蓝、浅绿的冷色调，以便创造一个舒适、宁静的环境，使儿童安然入睡。医院的病房宜用浅绿、淡蓝、淡黄的浅色调，使病人感到宁静、舒适（图3-8），而不应一律采用白色，以免使病人产生冷淡的感觉。

室内宽敞的房间，宜采用深色调和较大的图案、不致使人有空旷感而显得亲切；房间小的墙面，要有意识地利用色彩的远近感来扩伸空间感。颜色暗使人觉得分量重，明亮的颜色感到轻盈。因此，通常室内的色彩是"头"轻"脚"重的，即由顶棚、墙面到墙裙和地板的色彩为上明下暗，给人以稳定舒适感（图3-9）。

前面已经介绍，颜色对人的心理和生理都有影响，红色有刺激兴奋作用；绿色是一种柔和舒适的色彩，能消除精神紧张和视觉疲劳；黄色和橙色可刺激胃口，增加食欲；赭石色对低血压患者适宜；紫罗兰色墙壁可降低噪声。这些都已被装饰设计师们采纳和用于工程实践中去。

从经济角度考虑，选择材料应有一个总体观念，既要考虑一次性投资，也应考虑到维修费用，而且在关键性问题上宁可加大投资，延长使用年限，保证总体上的经济性。如在浴室中，给水、排水设备和防水措施比什么都重要，应适当加大投资。

综上所述，选择材料应考虑到设计的环境、气氛、功能、空间、不同材料的恰当配合以及经济合理等问题。

3.5.2从实用角度选择材料

室内装饰材料的选用，是室内装饰设计中涉及设计成果的实质性的重要环节，它最为直接地影响到室内设计整体的实用性、经济性、环境气氛和美观与否。室内装饰设计师应熟悉材料的质地、性能和色彩等特点，了解材料的价格和施工操作工艺要求，善于运用材料的物质技术手段进而实现设计构思和创意。

室内装饰材料的选用，需要考虑下述几方面的要求：

（1）适应室内使用空间的功能性质

对于不同功能性质的室内空间，需要由相应类别的室内装饰材料来烘托室内的环境氛围，例如文教、办公建筑的宁静、严肃气氛，娱乐场所的欢乐、愉悦气氛，与所选材料的色彩、质地、光泽、纹理等密切相关。

（2）适合建筑装饰的相应部位

不同的建筑部位，相应地对装饰材料的物理、化学性能、观感等的要求也各有不同。例如对建筑外装饰材料，要求有较好的耐风化、防腐蚀的耐气候性能，由于大理石中主要成分为碳酸钙（$CaCO_3$），常与城市大气中的酸性物化合而受到侵蚀，因此外装饰一般不宜使用大理石；又如室内房间的踢脚部位，由于需要考虑地面清洁工具、家具、器物底脚碰撞时的牢度和易于清洁，因此通常需要选用有一定强度、硬质、易于清洁的装饰材料，常用的粉刷、涂料、墙纸或织物软包等墙面装饰材料，都不能直落地面。

（3）符合更新、时尚的发展需要

由于现代室内设计具有动态发展的特点，设计装修后的室内环境，通常并非是"一劳永逸"的，而是需要更新、讲究时尚。原有的装饰材料需要由无污染、质地和性能更好的、更为新颖美观的装饰材料来取代。

室内装饰材料的选用，还应注意"精心设计、巧于用材、优材精用、一般材质新用"。

装饰标准有高低，即使是标准高的室内，也不应是高贵材料的堆砌。这里借鉴鲁迅先生《而已集》中的一段文字，对我们装饰设计很有启迪："做富贵诗，多用些'金''玉''锦''绮'字面，自以为豪华，而不知见其寒蠢，真会写富贵景象的，有道'笙歌归院落，灯火下楼台'，全不用那些字。"

室内界面处理，铺设或贴置装饰材料是"加法"，但一些结构体系和结构构件的建筑室内，也可以做"减法"，如明露的结构构件，利用模板纹理的混凝土构件或清水砖面等。例如某些体育建筑、展览建筑、交通建筑的顶面由显示结构的构件构成，有些人不易直接接触的墙面，可用不加装饰、具有模板纹理的混凝土面或清水砖面等等。

在有地方材料的地区，适当选用当地的地方材料，既减少运输，相应地降低造价，又使室内装饰易具地方风味。

室内装饰材料的选用，还应考虑便于安装和施工。

3.5.3装饰材料的特性与选用：

底面装饰材料特性与选用　　　　　　　　　　　　　　　　　　　　表3-8

底面装饰材料（楼、地面）	水泥砂浆	现浇水磨石	PVC卷材	木地面	预制水磨石	陶瓷锦砖	花岗石	大理石
材料特性及其适用的室内楼地面	适用于一般生活活动及辅助用房	色彩和花饰可按设计配置，易清洁，防滑及吸声差，适用于公共活动和盥洗用房	色彩和花饰可供选择，有弹性，易清洁，易施工，适用于人流量不大的居住或公共活动用房	有纹理，隔热保暖性好，有弹性，适用于居住、托幼以及舞厅等	色彩和花饰可供选择，易清洁，易施工，防滑及吸声差，适用于公共活动和盥洗用房	耐久，耐磨性好，易清洁，易施工，吸声差，适用于公共活动用房、交通性建筑以及盥洗用房等	有纹理，耐久，耐磨性好，易清洁，吸声差，适用于装饰要求高的公共活动建筑的门厅、走廊及有大量人流的交通建筑	有纹理，易清洁，吸声差，适用于装饰要求高的公共活动建筑的门厅、休息廊、餐厅等

侧面装饰材料特性与选用　　　　　　　　　　　　　　　　　　　　表3-9

侧面装饰材料（墙面）	灰砂粉刷、水泥砂浆粉刷	油漆、涂料	墙纸、墙布	PVC板贴面	人造革及织锦缎	木装修、木板夹板贴面	陶瓷面砖	大理石、花岗石	镜面玻璃
材料的性能及其适用的室内墙面	适用于一般生活活动及辅助用房	色彩可供选择，易清洗，适用于一般公共活动、居住用房	色彩、纹样可供选择，高发泡类稍具吸声作用，适用于旅馆客房、居住用房以及人流量不大的公共活动用房和走廊	色彩、纹样可供选择，易清洁，适用于行政办公、餐厅、会议等公共活动用房	色彩、纹样可供选择，触摸感好，吸声好，需经阻燃处理，适用于装饰要求高的会堂、接待餐厅或居住用房	有纹理，易清洁，触摸感好，需经阻燃处理，适用于公共活动及居住用房等	易清洁，维修更新较方便，吸声差，适用于公共活动用房以及盥洗室等	有纹理，易清洁，吸声差，适用于装饰要求高的旅馆、会场、文化建筑等的门厅、走廊、公共活动用房，以及交通建筑等	具有扩大室内空间感，吸声差，适用于需要扩大室内空间感的公共活动用房

顶面装饰材料特性与选用　　　　　　　　　　　　　　　　　　　　表3-10

顶面装饰材料（平、吊顶）	灰砂粉刷、水泥砂浆粉刷	油漆、涂料	墙纸、墙布	木装修、夹板平顶	石膏板、石膏矿棉板	硅钙板、矿棉水泥板、穿孔板	金属压型板、金属穿孔板	金属格片
材料特性及其适用的室内平、吊顶	适用于一般生活活动及辅助用房	色彩可供选择，易清洁，适用于一般公共活动、居住用房	色彩、纹样可供选择，高发泡类稍具吸声作用，适用于旅馆客房、居住用房以及人流量不大的公共活动用房和走廊	有纹理，需经阻燃处理，适用于居住生活及空间不大的公共活动用房	防火性能好，平顶上部便于安装管线，适用于各类公共活动用房	防火性能好，穿孔板具有吸声作用，适用于各类公共活动用房	自重轻，平顶上部便于安装和检修管线，适用于装饰要求较高的各类公共活动用房	自重轻，平顶上部便于安装和检修管线及灯具，适用于大面积公共活动用房及交通建筑

装饰等级	房间名称	部位	内装饰标准及其材料	外装饰标准及其材料	备注
一		墙面	塑料墙纸（布）、织物墙面，大理石，装饰板、木墙裙、各种面砖、内墙涂料	花岗石（用得较少），面砖、无机涂料、金属墙板、玻璃幕、大理石	
		楼、地面	软木橡胶地板、各种塑料地板、大理石、彩色磨石、地毯、木制地板		
		顶棚	金属装饰板、塑料装饰板、金属墙纸、塑料墙纸、装饰吸声板、玻璃顶棚、灯具顶棚	室外雨篷下，悬挂部分的楼板下，可参照内装修顶棚处理	
		门窗	夹板门、推拉门、带木镶边板，或大理石镶边、设窗帘盒	各种颜色玻璃铝合金门窗、特制木门窗、钢窗、光电感应门、遮阳板、卷帘门窗	
		其他设施	各种金属、竹木花格、自动扶梯、有机玻璃拦板、各种花饰、灯具、空调、防火设备、暖气包罩、高档卫生设备	局部屋檐、屋顶，可用各种瓦件、各种金属装饰物（可少用）	
二	门厅、走道、楼梯、普通房间	地面楼面	彩色水磨石、地毯、各种塑料地板、卷材地毯、碎拼大理石地面		功能上有特殊要求者除外
		墙面	各种内墙涂料、装饰抹灰、窗帘盒，暖气包罩	主要立面可用面砖，局部可用大理石，无机涂料	
		顶棚	混合砂浆、石灰罩面，板材顶棚（钙塑板、胶合板）、吸声板		
		门窗		普通钢、木门窗，主要入口可用铝合金门	
	厕所盥洗	地面	普通水磨石、陶瓷锦砖，1.4~1.7m高度内的瓷砖墙裙		
		墙面	水泥砂浆		
		天棚	混合砂浆，石灰膏罩面		
		门窗	普通钢木门窗		
三	一般房间	地面	水泥砂浆地面，局部水磨石		
		顶棚	混合砂浆，石灰膏罩面	同室内	
		墙面	混合砂浆粉刷，可赛银或乳胶漆，局部油漆墙裙，柱子不做特殊装饰	局部可用面砖，大部用水刷石或干粘石，无机涂料，色浆粉刷，清水砖	
		其他	文体用房，托幼小班可用木地板、窗饰棍，除托幼外不设气包罩、不准用钢饰件、不用白水泥、大理石、铝合金门窗、不贴墙纸	禁用大理石、金属外墙饰面板	
	门厅楼梯走道		除门厅可局部吊顶外，其他同一般房间，楼梯用金属栏杆，木扶手或者抹灰拦板		
	厕所盥洗		水泥砂浆地面，水泥砂浆墙裙		

第4章　室内家具与室内陈设

家具是人们生活的必需品，不论是工作、学习、休息或坐或卧或躺，都离不开相应家具的依托。此外，在社会家庭生活中的各式各样，大大小小的生活用品，也均需要相应的家具来收纳、隐藏或展示。因此，家具在室内空间中占有很大的比例和很重要的地位，对室内环境效果起着重要的影响。

4.1 人体与家具尺度
4.1.1人体工程学与家具设计

家具是为人所用的，是服务于人的而不是相反，因此，家具设计包括它的尺度、形式及其布置方式，必须符合人体尺度及人体各部分的活动规律，以便达到安全、舒适、方便的目的。

人体工程学对人和家具的关系，特别对在使用过程中家具对人体产生的生理、心理反应进行了科学的实验和计测，为家具设计作出了科学的依据（如前所述），并根据家具与人和物的关系及其密切的程度对家具进行分类，把人的工作、学习、休息等生活行为分解成各种姿势模型，以此来研究家具设计，根据人的立姿，坐姿的基准点来规范家具的基本尺度及家具间的相互关系。

4.1.2家具设计的基准点和尺度的确定

人和家具、家具和家具之间的关系是相对应的，家具设计是以人的基本尺度为准则来衡量的，并通过其与人的关系来确定其科学性和准确性，以此确定相关的家具尺寸。

人的立姿基准点是以脚底地面作为设计零点标高，即脚底后跟点加鞋底厚度（一般为2cm）的位置。坐姿基准点是以坐骨结节点为准，卧姿基准点是以髋关节转动点为准。

对于立姿使用的家具（如柜台）以及不设座椅的工作台、讲台等，应以立姿基准点的位置计算，而对坐姿使用的家具（如桌、椅、计算机台等），应根据人在坐姿时，眼的高度、肘的位置、上肢的状况，以坐骨结节点为准计算，而不能以无关的脚底的位置为依据：桌面高＝桌面至凳面差＋坐姿基准点高

一般桌面至凳面差为250～300cm；

坐姿基准点高为390～410cm；

因此一般桌面高在640cm（390cm+250cm）～710cm（410cm+300cm）的范围内。桌面与凳面高度过大时，双手臂会被迫抬高而造成不适，过小又会给人造成困难。

4.1.3室内物理环境对人体的最佳参数

室内物理环境主要有室内热环境、声环境、光环境、重力环境、辐射环境等，室内设计时有了这些科学的参数后，在设计时就有可能有正确的决策。

4.2 家具的分类

建筑室内家具可按其使用功能、结构形式、制作材料、组成方式以及与室内界面组合的家具等方面来分类。

4.2.1根据功能分类

（1）从卧性家具

从卧性家具主要包括椅、凳、沙发、床等。其功能是代人们坐卧休息使用，并与人体直接接触。它既要求舒适，又要求符合人体尺度（图4-1）。

（2）贮存性家具

贮存性家具主要包括柜、橱、架、箱等。其功能是贮存物品（图4-2）。

（3）凭倚性家具

凭倚性家具主要包括桌、台、案、几等。其主要功能是代人们活动作用，并起到承托物品和身体的作用。

（4）陈列性家具

陈列性家具主要包括陈列柜、展示柜、柜台、博古架等。其主要功能是陈列和展示物品（图4-3）。

（5）装饰性家具

装饰性家具主要包括花几、条案、屏风等。其主要功能是点缀空间、供人们欣赏（图4-4）。

4.2.2根据结构形式分类

（1）框架结构家具

框架构家具是传统的家具结构类型，其特点是由立柱和横撑组成框架。其主要结构形式有两种：一种是包板框架家具，即由家具的框架支撑全部重量，其中的板材起着分隔和封闭空间的作用，外观酷似板式家具；另一种是框架嵌板家具，其外观如同一个箱子，由家具的周边组成一个框架，在框架内镶嵌板材。

（2）板式家具

板式家具是由其内外板状部件承担荷重的一种结构类型。它由于简化了结构和加工工艺，便于机械化生产，所以是目前应用广泛的一种家具。

（3）拆装家具

拆装家具的各部件之间用各种连接构件结合，其特点是可以多次拆卸和安装，便于运输和搬运（图4-5）。

图4-1　欧式沙发

图4-2　橱柜

图4-3 博古架

图4-4 屏风

（4）折叠家具

折叠家具的主要特点是使用后可折叠存放，又便于携带和运输，所以该家具适合于工作性质流动性较大的人员使用。它在房间面积较小的情况下常常作为备用家具（图4-6）。

（5）冲压式家具

冲压式家具也可称为薄壳式的家具或薄壁成型家具。该家具的原材料多为塑料、金属等板材，可以一次成型。冲压式家具造型优美、曲线多变，同时还可以选用各种颜色的材料，适用于不同环境的要求。

（6）充气家具

充气家具具有独特的结构形式，它主要由气囊组成，可以自由组合成各种充气家具，携带和存放极为方便，适用于旅游野营。

（7）多功能组合家具

多功能组合家具的折动、抽拉、翻转的变化能满足不同功能需求，只要使家具的某一部件加以调整，就能改变其使用功能。

4.2.3 根据制作材料分类

（1）木、藤、竹质家具

木、藤、竹质家具，是指对木、藤、竹质材料进行深加工而制作的家具。它们具有质轻、高强、淳朴、自然等特点（图4-7）。

（2）塑料家具

塑料家具，是指以塑料为主要材料制成的家具。塑料具有质轻、高强、耐水、表面光洁、易成型等特点，而且色彩多样，因而常做成椅、桌、床等。但塑料家具的耐老化、耐磨性稍差。

（3）金属家具

金属家具，是指以各种金属为主要材料制成的家具。由于金属材料的强度高，因此常作为复合家具的骨架和支撑材料。

（4）石材家具

石材家具，是指以优质天然石材或人造石材为主要材料制成的家具，由于石材家具比较笨重，因此多

图4-5　拆装家具

图4-6　折叠式家具

图4-7　竹质家具

图4-8　石材家具

图4-9　室内环境中的配套家具

用于室内外空间的固定式布置，园林建筑中的石桌、石凳、石几等（图4-8）。

（5）复合家具

复合家具，是指以两种或两种以上的材料为主制成的家具。这类家具综合各种材料的优点，发挥其特长，从而满足各方面的要求。例如，玻璃茶几、皮面沙发、钢木桌椅等。

4.2.4 根据家具组成分类

（1）单体家具

在组合配套家具产生以前，不同类型的家具都是作为一个独立的工艺品来生产的，它们之间很少有必然的联系，只是按使用的功能的不同而单独存在。这种家具与家具之间在形式和尺度上不易配套和统一，因此，后来为配套家具和组合家具所代替。但是它使用方便，在现代的家居环境中，仍有它的存在空间。

（2）配套家具

配套家具，常是因工作和生活需要自然形成的相互密切联系的家具。这种家常的材料、色彩、款式、尺度、装饰等诸多方面统一设计。而在规格上则可根据室内环境的大小而统一制作（图4-9）。

（3）组合家具

组合家具是将家具分解为多种基本单元，再拼接成不同形式，甚至不同的使用功能。如组合沙发、组合柜和以零部件为单元的拼装式组合家具等等。

此外，还有活动式的嵌入式家具，固定在建筑墙体内的固定式家具，一具多用的多功能家具、悬挂式家具等等类型。

由此看来，家具的类型很多，为了使家具尺寸和室内环境尺寸相协调，必须建立统一模数制。

4.3 家具在室内空间装饰中的作用

4.3.1 明确使用功能、识别空间性质

家具是空间实用性质的直接表达者，家具的组织和布置可以直接体现出室内空间的组织和使用目的（图4-10）。

空间的性质决定家具的使用功能，应根据室内空间的特点、用途来选择款式适宜、体量适当、数量适中的家具。在满足使用要求的前提下，家具要少而精，给室内留有一定的活动空间。通过家具的合理布置可以很好地组织空间，使人们的审美情趣更为高尚健康。

4.3.2 利用空间，组织空间

（1）分隔空间

为了提高空间的使用效率，增强室内空间的灵活性，常用家具作为隔断，将室内空间分隔功能不一的若干个空间。这种分隔方式的特点是灵活方便，可随时调整布置方式，不影响空间结构形式，但私密性较

图4-10居室中的家具布置

差。常用于住宅、商店及办公室等（图4-11）。

（2）组织空间

通过对室内空间中所使用家具的组织，可将室内空间分成几个相对独立的部分。经过家具组织可使较凌乱的空间在视觉的心理上成为有秩序的空间。

（3）填补空间

室内空间由于家具布置不当会使室内整体构图失去均衡，通过调整家具的布置形式也可以取得构图上的均衡。如在空旷的房间角落里放置一些花几、方几、条案等小型家具，以求得空间的平衡。在这些家具上还可摆设盆景、盆栽、玩具、雕塑、古玩、日用品等，这样既填补了空旷的角落，又美化了空间（图4-12）。

4.3.3 定位情调、营造氛围

家具的设计，实际上是一种艺术创作，既是实用的，又具有欣赏价值。有时候家具还可作为一件纯艺术性的作品展示。所以，家具除了要满足人的使用要求外，还要满足人的审美要求，也就是说它既要让人们使用起来舒适、方便，又要使人赏心悦目。通过

布置不同的家具，可陶冶人的审美情趣，反映文化传统，形成特定的气氛。

4.4 家具的选用与布置
4.4.1 家具布置与室内空间的关系
（1）位置合理

在室内布置家具时，一是要注意家具与家具的关系，注意家具与门窗、墙柱面及设备的关系，使人们在室内空间的活动尽可能简捷方便，二是要有一定的构思意图，考虑一定的布置格局。根据室内空间的性质和大小考虑是以规则庄重的格局为宜还是采用轻松活泼的不规则格局为好，则要根据空间造型的美学原则而定。空间组织要疏密有序、主次分明，要有重点和趣味中心，注重室内空间的构图要求，使家具布置、家具造型、家具色彩与室内环境和谐统一（图4-13）。

（2）使用方便，节约劳动

家具的最基本功能是满足使用上的需要。如坐卧性家具应使人坐卧舒适、安全、减少疲劳和提高工作效率，这四个基本功能要求中，最关键的是减少疲

图4-11　办公室的家具分隔

图4-12　条案以及盆景的摆设使空间充满生机

劳。如果在家具设计中，通过对人体的尺度、骨骼和肌肉关系的研究，使设计的家具在支承人体动作时，将人体的疲劳度降到最低状态，也就能得到最舒适的感觉，同时也可保持最佳的工作效率。再如，工作性家具应省时省力，储物家具应便于取放物品等，都要求方便使用、节约劳动，有利于提高工作效率。

（3）丰富空间，改善效景

一个空间的构图是使人在视觉效果上产生愉悦感的主要方面。空间构图好，视觉效果会产生美感。而空间构图是由多种因素形成的，如平面布置、色彩搭配、材料选择、陈设品的摆放等等。其中家具布置占据着重要的地位。空间构图欠佳时，可以通过家具的不同位置、体量大小来进行调整，使空间构图达到均衡的效果。

当建筑空间形态欠佳，需要调整改善或加以利用时，也可以通过家具来处理，这不但改善了空间效果，同时也提高了空间的利用率，尤其是对于面积较小的房间，这种方式具有十分有效的作用。如一些异形空间、转角处空间、凹进空间、楼梯下部空间等等，这些空间既不规则也不完整，通过家具的调整，可使空间变得整齐统一。

（4）充分利用空间

充分利用空间，使空间发挥最大的使用效率，也是现代家具设计所追求的目标之一。尤其是在面积指标偏低的住宅建筑中，因其使用面积小，内部空间的充分利用就显得特别重要，通过家具的台理安排和巧妙设计，往往能达到理想的效果。

"借天不占地"是住宅建筑中空间利用的常用手法。通过吊柜、高尺度的橱柜等的设置，既利用了房间的上部空间，又不会增加家具所占地面的面积。如厨房面积一般都不太大，案台上方的空间多利用起来做成吊柜，较好地解决了厨房中炊具、餐具的贮藏问题（图4-14）。

4.4.2 家具形式与数量的确定

（1）家具种类的选择

在一个室内空间，家具的种类选择应恰当。如从材质考虑，则在一个空间中可选择以一种材质家具为主，其他材质为辅，或以各空间选择相适合的家具材质；如从家具组合方式考虑，单件家具功能单一，造型多样，而组合家具集多种功能于一体，组合灵活、方便，并且可以利用它来分隔空间。因此，家具种类的选择应考虑是选择组合家具还是单件家具更恰当。

图4-13 和谐统一的居室家具布置

图4-14 居室空间中吊柜的安排

图4-15 中式风格装饰的木制家具

（2）家具风格、造型的选择

家具的风格、造型的选择关系到室内空间的整体效果，要仔细斟酌。

总的来说，家具的风格、造型应有利于加强环境的风格。烘托环境气氛，当然要与整体风格相协调。如西餐厅，其家具应选择与西式相应的风格与造型。若是乡土风格的空间，则可选用竹、藤或木质家具，若选用钢质、玻璃家具，处理不好则会显得与环境格格不入（图4-15）。

（3）家具颜色的选择

家具颜色通常是在选择家具时首先遇到的问题。由于家具在室内空间中所占面积较大，因此，其颜色选择得是否恰当，会直接影响整个室内空间的色彩效果。家具的色调应服从室内环境的整体效果，要体现空间环境的功能要求。

（4）家具数量的确定

一个空间中家具数量的多少，通常应根据房间的功能使用要求和房间面积大小来确定。一般来说，餐厅、礼堂、会议室等空间家具的密度较大，通常在满足使用要求的前提下，应尽可能留出较多的活动空间。这一点在居住建筑中显得尤为重要，否则容易因拥挤而显得杂乱无章，因此一个空间环境的家具数量要合理。一般办公室、居室的家具占地面积的30%～40%，当房间面积较小时，则可能占到45%～60%。

4.4.3家具布置的基本方法

家具布置能使空间更具有实用价值，家具的组合布置必须服从活动需要和空间的条件，也就是说，家具的布置首先应满足使用上的需要。如客厅，沙发的不同布置方式能围合成不同效果的会客空间，但无论哪种布置方式，都应合理、使用方便、舒适，尤其是工作性家具应省时省力，有利于提高工作效率。因此，空间活动的要求决定了家具的布置方式和结构形态。其次，家具布置方式应充分考虑空间条件的限制。如空间较大，则家具布置可灵活多变、宽松，造型自由一些，尺度也可较大；若空间较小，则家具应布置得紧凑有序，造型宜简洁单纯，体量不宜太大。对于一些异形的空间，家具要顺应空间的形态而与之相协调。此外，家具的布置除了应考虑能合理地布置恰当尺度的家具以外，还要考虑人在使用这些家具时应有足够的活动空间。

例如，家具与家具之间应留出开关柜门、伸腿或走动的空间。

一件好的家具，除了它本身造型、色彩、材质搭配完美以外，它在室内环境中的布置方式很重要。布置得好，家具会产生与室内环境融为一体的感觉，因此家具的布置还应考虑与室内整体环境的协调、对比或达到均衡构图的要求（图4-16）。例如，家具大多数都是靠墙布置，则家具与墙面是物与背景的关系，会在色彩、质感上相互产生影响。从质感上考虑，可采用强烈的质感对比来表现家具的轮廓，显示出它的美感。如粗糙的石墙面，透出粗犷朴实之美，与一组不锈钢支架的皮面沙发相对比，家具更显得细腻而具有现代感。这种陈列也许比用平整光洁的白墙面作背景效果更好，艺术性更强。

此外，家具在室内环境中不是孤立存在的，它还与室内各种各样的其他陈设品产生联系，而且这种联系是密不可分的。如写字台上的笔墨纸砚、台灯、工艺品，茶几上的茶具、果盘，沙发上的坐垫、靠垫等，这些与家具融为一体的陈设品，如果选择配置得当，可以与家具起着相互烘托的作用。

4.5 室内陈设的作用和分类
4.5.1 室内陈设的作用
（1）加强空间涵义
一般的室内空间应达到实用、舒适、美观的效果，这是最基本的要求，较高层次或有特殊要求空间，则应具有一定的内涵和意境，如纪念性建筑空间、传统建筑空间、一些重要的旅游建筑等等，常常需要创造特殊氛围。

（2）烘托环境气氛
不同的陈设品对烘托室内环境气氛起着不同的作用，如欢快热烈的喜庆气氛、亲切随和的轻松气氛、深沉凝重的庄严气氛、高雅清新的文化艺术气氛等等，都可通过不同的陈设品来创造和进一步烘托。中国传统室内风格的特点是庄重与优雅相融合，常用一些中国字画、古玩玉器创造高雅的文化气氛（图4-17），也常采用令人目不暇接的满堂刺绣、桌帷和椅披椅垫来创造出节日时的欢乐气氛。现代室内空间常采用色调自然素净的陈设品创造宁静的气氛。

（3）强化室内环境风格
室内空间有各种不同的风格，如西洋古典风格、中国传统风格、朴素大方的风格、华丽的风格、乡土风格等等，陈设品的合理选择对于室内环境风格起着很大的影响作用，因为陈设品本身的造型、色彩、图案及质感等都带有一定的风格特点，所以，它对室内环境的风格会进一步加强。如字画点缀的空间具有清雅的风格，竹、藤编制的陈设品具有较强的民间朴实的风格，豪华的灯具会加强室内空间华丽的风格特点（图4-18、图4-19）。

图4-16 家具与室内环境

（4）柔化空间，调节环境色彩

随着建筑技术的发展，随处可见的是由钢筋混凝土、大片的玻璃幕墙、光洁的有色金属和石材等材料充斥的室内空间，这些材料的质感所表达出的刚强、冷硬使人有疏离感，陈设品的介入使空间有了生机和活力，也更加柔和。如织物的柔软质地使人有温暖亲切之感；室内陈列一些生活器皿，如茶具、酒具等，使空间更富人情味儿；布置几盆花卉植物，既能使空间增添几分灵气，又能丰富环境的色彩（图4-20、图4-21）。

（5）反映民族特色及个人爱好

有的室内陈设品具有强烈的民族特点和地方风情。室内环境所处地方不同，也会在陈设品上表现出不同的特点。如青海塔尔寺，地处西北高原，其寺内采用悬挂的各种幛幔、彩绸天棚、藏毯裹柱等来装饰空间，一方面对建筑起到了防止风沙侵蚀的保护作用，另一方面也形成了喇嘛教建筑的独特风格。彝族常将葫芦作为他们的图腾崇拜而陈列在居室中的神台上；传统汉族民居中太师壁前陈列的祖宗牌位、香炉、烛台等陈设，表达了对先辈的尊敬与怀念。

陈设品的选择与布置，还能反映出一个人的职业特点、性格爱好及修养、品位等，也是人们表现自我的手段之一。如猎人的小屋陈列着兽皮、弓箭、飞鸟标本等，能表达出主人的职业特点以及他的勇敢性格。

（6）陶冶情操

格调高雅，造型优美，尤其是具有一定内涵的陈设品陈列于室内，不仅起到装饰环境，丰富空间层次的作用，而且还能怡情遣性，陶冶人的情操。这时的陈列品已超越其本身的美学价值而具有较高的精神境界。如有的书法作品、奖品等等，都会产生激发人向上的精神作用。

4.5.2 室内陈设的分类

室内陈设包含的内容很多，范围极广，概括地说，一个室内空间除了它的墙柱面、地面、顶棚以外，其余的内容均可称为陈设。也有一种观点认为家

图4-17 中国传统风格的室内装饰和古玩字画

图4-18 民风朴实的竹、藤家具

图4-19 西洋古典风格装饰与欧式古典墙饰

具不应划入陈设品的范畴。不管怎样，陈设品的范围已十分清楚了。概括起来可包括两大类，即功能性陈设和装饰性陈设。

功能性陈设是指具有一定实用价值且又有一定的观赏性或装饰作用的陈设品，如家用电器、灯具、日用器皿、织物、书籍、玩具等，它们既是人们日常生活的必需品，具有极强的实用性，又能起到美化空间的作用。如家用电器，代表了现代科学技术的发展与进步，它造型简洁、大方，装饰于室内，使空间具有强烈的时代感。灯具是室内照明不可缺少的用具。灯具及灯罩的造型、色彩、质感千变万化、花样繁多，可适用于不同的空间，既能照明，又装点美化室内环境。又如小孩儿的玩具，也属于实用性陈设，其鲜艳的色彩、活泼可爱的造型，同样可装点室内空间，使空间显得活泼而富有童趣。由此可见，功能性陈设主要以实用为主，首先应考虑的是实用性，如灯具应具有所需的足够亮度，钟表应当走时准确并易于辨认钟点。它们的价值应首先体现在实用性方面。

装饰性陈设是指本身没有实用功能而纯粹作为观赏的陈设品．如书法绘画艺术品、雕塑、古玩、工艺品等。这些陈设品虽没有物质功能，却有极强的精神功能，可给室内增添不少雅趣，陶冶人的情操。如雕塑、摄影等作品属于纯造型作品，在室内常能产生高雅的艺术气氛。又如鸟兽标本，它能美化环境，使空间散发出大自然的气息，而且它美丽的皮毛和色彩又

有很强的观赏性（图4-22）。

4.6 室内陈设的选择与布置

陈设品的选择，除了要把握个性外，总的来说，应从室内环境的整体性出发，应在统一之中求变化，因此，从陈设品的风格、造型、色彩、质感等各方面都应加以精心推敲。

4.6.1 陈设品风格的选择

陈设品的风格多种多样，因它最具历史代表性，又能反映民族风情和地方特色；既能代表一个时代的经济技术，又能反映一个时期的文化。如贵州蜡染表现了少数民族特有的风格，根据贵州地方戏脸谱做的木雕也极具地方特色。西藏传统的藏毯，其颜色、图案都饱含民风情。江苏宜兴的紫砂壶，造型优美，质地朴实，也具有浓郁的中国特色（图4-23）。

陈设品的风格选择主要涉及与室内风格的关系问题。因此，其选择有两条主要途径，一是选择与室内风格相协调的陈设品，二是选择与室内风格相对比的陈设品。

选择与室内风格协调的陈设品，可使室内空间产生统一的、纯真的感觉，也很容易达到整体协调的效果，如果室内风格是中国传统式的，则可选择仿宫灯造型的灯具，选一些具有中国传统特色的民间工艺品。一些清新雅致的空间则选择一些书法、绘画或雕

图4-20 室内陈列柜的生活器皿、茶具、酒具布置的点缀

图4-21 餐桌陈设

刻等陈列品，灯具也以简洁朴素的造型为宜。

选择与室内风格对比的陈列品，能在对比中获得生动、活泼的趣味。但在这种情况下陈设品的变化不宜太多，因为少而精的对比可使其成为空间的视线中心，多则会产生杂乱之感。

总之，陈设品的风格选择必须以室内整体环境风格作为依据，去寻求适宜的格调和个性。

4.6.2陈设品形式的选择

室内陈设品的形式包括它的造型、色彩、质地等三个方面，因此，其形式的选择应从这三个方面考虑。

（1）色彩的选择

陈设品的色彩在室内环境中所起的作用很大，大部分陈设品的色彩是处于"强调色"的地位，少部分陈设如织物陈设中的床上用品、帷幔、地（挂）毯等，其色彩面积较大，有时可作为背景色，因此，对于不同的陈设品，其色彩选择也有不同。处于"强色调"的陈设品，能丰富室内色彩环境，打破过分统一的格局，创造生动活泼的气氛，但是也不宜过分突出，不能缺少与整体和谐的基础。尤其是陈设品的数量较多时，处理不当，更易产生杂乱之感，因此，强调色不宜多。

处于"大面积色彩"的陈设如床罩、窗帘、地毯等，都具有一定的面积，且大都处于较醒目的位置，对于室内整体环境色彩起着很大的影响作用，它与整体环境色彩的关系，可以选同类色产生统一感或选对比色产生变化，但后者应慎重考虑，因大面积的色彩变化易使室内整体环境色彩显得刺目而失去整体统一感（图4-24）。

因此，陈设品的色彩选择应首先对室内环境色彩进行总体控制与把握，即室内空间六个界面的色彩一般应统一、协调，但过分的统一又会使空间显得呆板、单调，因此最好的点缀色便是室内陈设品。陈设品千姿百态的造型和丰富的色彩赋予室内空间以生命力。但为了丰富空间层次而选用过多的点缀色，则会使室内空间显得凌乱。因此，宜在充分考虑总体环境色彩协调统一的基础上适当点缀，真正起到锦上添花的作用。

（2）陈设品造型、图案的选择

由于现代室内设计日趋简洁，因此，陈设品造型上采用适度的对比也是一条可行的途径。陈设品的形态千变万化，带给室内空间丰富的视觉效果，如家用电器简洁和极具现代感的造型，各种茶具、玻璃器皿柔和的曲线美，盆景植物婀娜多姿的形态，织物陈设丰富的图案及式样等等，都会加强室内空间的形态美。如在以直线构成的空间中陈列曲线形态的陈设，或带曲线图案的陈

图4-22 室内摆件的艺术观赏性

图4-23 饰品的摆设烘托出室内的气氛

设，会因形态的对比产生生动的气氛，也使空间显得柔和舒适（图4-25）。

（3）陈设品的质感选择

自然界的材料有许多不同的质感，用做室内陈设品的材质也各不相同，如木质纹理自然朴素，玻璃、金属光洁坚硬，未抛光的石材粗糙，丝绸织品细腻光滑而柔软等等，总之，材料质地对视觉的刺激因其表面肌理的不同而影响审美心理。形状、疏密、粗细、大小均会产生不同的美感，如精细美、粗犷美、均匀美、华丽美、工艺美、自然美等等。光滑平整的表面常给人轻巧柔美之感，而粗糙的表面却显得粗犷浑厚。

此外，我们对质地的感受是随着对比而加强的，例如有许多光滑而反光的表面材料如金属、玻璃等制品装饰于现代室内环境，正是通过与天鹅绒、粗呢、粗糙的石材等陈设的质感对比而加强其视觉效果的。陈设品的形状，也可以通过与背景质感的对比来加强和突出。

因此，对于陈设品质感的选择，也应从室内整体环境出发，不可杂乱无序。在原则上，同一空间宜选用质地相同或类似的陈设以取得统一的效果，尤其是大面积陈设。但在陈设上可采用部分陈设与背景质地形成对比的效果，使其能在统一之中显出材料的本色。需重点突出的陈设可利用其质感的变化来达到丰富的效果。

4.6.3 墙面的陈列

墙面陈列指将陈设品张贴、钉挂在墙面上的展示方式。墙面陈列的陈设品以书画、编织物、挂盘、浮雕等艺术品为主，也可悬挂一些工艺品、民俗器物、照片、纪念品、个人收藏品及文体娱乐用品，如吉他、球拍等。

将陈设品陈列于墙面，可以丰富室内空间，避免大面积的空白墙面产生空洞单调之感。但墙面陈列方式主要应注意以下两个方面：

（1）陈设品在墙面上的位置与整体墙面及空间的构图关系。陈设品在墙面上的位置，必然会与整体墙面的构图关系及靠墙放置的家具发生关系，因此要注意构图的均衡性。

墙面陈设的陈列可采用对称式构图与非对称式构图。对称式的构图较严肃、端正，中国传统风格的室内空间常采用这种布置方式；非对称式的构图则比较随意，适合各种不同风格的房间。

（2）成组陈列的陈设，自成一体，其本身的构图关系及与整体环境的构图关系协调一致。成组陈列的陈设，可采用水平、垂直构图或三角形、菱形、矩形等构图方式组合，使其有规律或有韵律感。成组陈列的陈设品，往往在墙面上所占面积较大，因此，在整个空间构图中是否均衡、轻重关系是否适当，应仔细推敲。

此外，墙面陈列的陈设，还可与其相邻的家具形成一个整体，如悬挂于床头、沙发上方的挂件，可以挂得稍低一些，以使它们成为床或沙发组的一部分。但应注意悬挂高度不宜过低，以免碰头或影响家具的使用。

4.6.4 台面的陈列

台面陈列主要是指将陈设品陈列于水平台面上。台面陈列的范围较广，各种桌面、柜面、台面均可陈列，如书桌、餐桌、梳妆台、茶几、矮柜等。

台面陈列是室内空间中最常见、覆盖面最宽、陈设内容最丰富的陈列方式，如床头柜上陈列台灯、闹钟、电话等，使用方便；梳妆台上有许多化妆品需要陈列；书桌上多陈列台灯、文具、书籍等；餐桌上可陈列餐具、花卉、水果；茶几上则陈列茶具、食品、植物等。此外，电器用品、工艺品、收藏品等都可陈列于台面上。虽然室内的台面都可作为展示陈设品之处，但应注意整体效果，不可五花八门，或杂乱混淆，也不应对人的活动产生妨碍。事实上，精彩的东西不需要太多，只要摆设恰当，就能让人赏心悦目，回味无穷了。因此，在台面展示的处理上应注意以下几点：

（1）陈置灵活，构图均衡。通常台面陈列的陈设品不止一件，往往成组设置，因此几件陈设品的组合，应注意构图合理、有序但又不呆板，高低错落则更显丰富的效果。

（2）色彩丰富，搭配得当。每件陈设品都有各自的色彩，要注意色彩间的相互关系，搭配在一起是否协调。多数陈设品宜选择与室内环境协调的颜色，而少数几样陈设可选用较突出的与环境色相对比的颜色，起到画龙点睛的作用，使空间色彩丰富，又不落俗套。

（3）轻重相间，陈置有序。材料的质感不同，会给人以轻重、粗细等感觉，各种陈设品由各种不同的材质制成，便对人产生不同的心理影响。如玻璃器皿，其晶莹剔透的质感使人感觉其轻；一件深色的陶瓷花瓶，给人厚重之感；石雕使人感觉硬，丝绸使人感觉软，一般说来，深色物重，浅色物轻；透明物轻，

图4-24　色彩协调的室内窗帘、地毯等软装饰

图4-25　室内茶具、器皿造型与盆景植物的婀娜多姿相得益彰

不透明物重，这是各种形态的物品给人的轻重之感。因此在陈列各种质感的陈设品时，应注意轻重、粗细相间布置，这会使人感觉构图均衡、轻重有序。

（4）环境融合，浑然一体。因此陈设品展示于台面，许多台面往往是靠墙设置，必然产生与墙面陈设品的协调关系问题。因此除台面陈设本身的构图关系应合理外，还应考虑与墙面挂件及家具之间的整体构图关系，从内容和风格上也应协调一致。

4.6.5橱架陈列及其他陈列方式

橱架陈列是一种兼具贮藏作用的展示方式，可以将各种陈设品统一集中陈列，使空间显得整齐有序，尤其是对于陈设品较多的空间来说，是最为实用有效的陈列方式。

适合于橱架展示的陈设品很多，如书籍杂志、陶瓷古玩、工艺品、奖杯奖品、纪念品、个人收藏品等等，都可以采用橱架展示。对于珍贵的陈设品如一些收藏品，可用玻璃门将橱架封闭，使陈列于其中的陈设品不受灰尘的污染，起到保护作用，又不影响观赏效果。橱架还可以做成开敞式或空透式，分格自由灵活，可根据不同陈设品的尺寸分隔格架的大小。如中国传统的博古架就是典型的橱架展示陈设品的方式。

采用橱架陈列方式应考虑两个因素：

（1）橱架的造型、风格与陈设品的协调关系。橱架的造型、风格、色彩等都应视陈列的内容而定，如陈列古玩，则橱架以稳重的造型、古典的风格、深沉的色彩为宜；若陈列的是奖杯、奖品等纪念品，则以简洁的造型、较现代感的风格为宜，色彩深、浅皆相宜。总之，橱架的造型、风格、色彩应与所陈列的陈设品协调，而且应有效地突出陈设品的美感。

（2）橱架与其他家具以及室内整体环境的协调关系。橱架除与陈设品风格协调之外，更重要的是应与室内整体环境相协调，应与室内全套家具配套统一，因此，在考虑橱架的造型、风格的时候，应将多方面因素考虑进去，力求整体上与环境统一，局部则与陈设品协调。

除了以上所述几种最普遍的陈设方式外，还有一些其他的陈列方式，如地面陈列、悬挂陈列、窗台陈列等等。

对于有些尺寸较大的陈设品。可以直接陈列于地面，如落地灯、落地钟、盆栽、雕塑艺术品等。有的电器

用品如音响、大屏幕背投彩电等等，都可以采用地面陈列的方式。这种陈列方式随意、方便，但占地面积较大，不利于充分利用空间，因此，地面陈列的陈设品不多。

悬挂陈列的方式在公共性的室内空间中常常使用，如大厅的吊灯、挂饰、帷幔、标牌、藤蔓植物等等。在居住空间中也有不少悬挂陈列的例子，如吊灯、风铃、垂帘、盆景植物等等。悬挂陈列的优点在于：第一，充分利用空间，不影响人的活动；第二，悬挂的陈设品使空间生动活泼更有情趣，也使空间层次更加丰富。

居室窗台上也常常作为陈设品陈列之处，尤其是窗台较宽的凸型窗，窗台陈列更是妙趣横生。窗台陈列最常见的是花卉植物，当然也可以陈列一些其他的陈设品，如书籍、玩具、工艺品等等。窗台陈列主要应注意的是窗台的宽度应足够陈列，否则陈设品容易坠落摔坏，再就是陈设品的位置不应影响窗户的开关使用（4-26）。

4.6.6室内陈设品的布置原则

综合前面所述，室内环境中陈设品的布置应遵循一定的原则，可概括为以下四点：

（1）格调统一，与整体环境协调。陈设品的格调应遵从房间的主题，与室内整体环境统一，也应与其相邻的陈设、家具等协调。

（2）构图均衡，与空间关系合理。陈设品在室内空间所处的位置，要符合整体空间的构图关系，也即应遵循一定的构图法则，如统一与变化、均衡对称、节奏韵律等等。要使陈设品既陈置有序，又富有变化，而且其变化要有一定规律。

（3）有主有次，使空间层次丰富。将过多的陈设品毫不考虑地陈列于室内会产生杂乱无章的感觉，因此陈设品的陈置也应主次分明，重点突出。如精彩的陈设品应重点陈列，必要时可加些灯光效果，使其成为室内空间的视觉中心。而相对次要的陈设品布置，则要有助于突出主体。

（4）注重观赏效果。陈设品更多的时候是让人欣赏，特别是装饰性的陈设，因此，布置应注意观赏时的视觉效果。如墙上的挂画，应考虑它的悬挂高度，最好是略高于视平线，以方便人们观赏。又如一瓶鲜花的布置，也应使人能方便地欣赏到其优美的姿态和闻到芬芳的气味（图4-27）。

图4-26　居室雅致的饰品陈列

图4-27　办公环境的饰品装饰

第5章 室内交通联系空间的室内设计

5.1 交通联系空间的安全性、舒适性、经济性及其艺术性

5.1.1安全性

在设计交通系统时，首要的任务是应有高度的安全意识，特别是对群众聚集量大的厅室和高层建筑更应严格按国家消防规范进行设计，以确保在一旦失火等非常时期，群众能在规定时间内顺利地迅速疏散。消防警报系统和灭火排烟系统及时启动运作，管理人员能有效控制和指挥现场，避免生命和财产的损失。交通系统应和其他房间相互协调、配合，组成一个统一的有机整体，良好的交通系统或网络都是十分简捷明了的。所谓简捷，意味着交通路线短而直接，疏散快，避免不必要的迂回曲折，走回头路，走长路，浪费时间和精力。所谓明了，就是交通位置（如楼梯、电梯等）布置清晰，方向明确，主次分明，有组织地引导人流方向，任何时候不会使群众迷失方向，造成紧张混乱。简捷、方便、舒适的交通系统，往往也是比较安全的、经济的。

交通的安全性还包括：各种流线不交叉，楼梯踏步按人体工程学要求设计，以及恰当的照度和地面防滑等措施。

5.1.2方便舒适性

交通的舒适性包括应有足够的活动空间、良好的采光、通风和合理的照度。

电梯的容量和数量应能在高峰时不致拥挤，并有一定的休息等候场所，上下楼层时不必频繁转换楼梯和远绕而行，避免通过枯燥乏味的狭长空间。在运行过程中，尽可能组织良好的交通景观，提供开阔的视野和优美的环境，使人们在运行时能带来心情舒畅、心旷神怡的感受。

5.1.3经济性

在设计规范中对每类建筑的楼梯数量、距离、宽度等均有规定，必须遵守。但在此条件下应尽可能减少不必要的浪费．这不但意味着对交通面积本身的控制，而且涉及它们的布置方式，即应对有形的和无形的交通路线加以研究分析，这就必然要涉及具体的室内家具等布置，否则不易察觉，这一点，在设计中应予以充分注意，室内设计之所以重要，在这里就显得格外明显。在许多设计实践中，由于在建筑设计时没有对室内的家具布置和交通路线关系予以充分的考虑，给以后使用时带来麻烦，甚至造成不可弥补的损失，例如在设计中因出入口和门窗位置不当，房间不好使用；因楼梯位置不合理造成交通迂回曲折，浪费较多的使用面积等。在当前我国大中城市中黄金地段商业性营业面积售价常常高达数万元一平方米，因此合理节约交通面积的经济价值是不言而喻的。

5.1.4艺术性——形象的塑造

交通系统中包括门厅、廊道、楼梯、电梯、自动扶梯以及具有交通作用的中庭，它们除了负担交通功

能的作用外，还以其特殊的形象为室内外空间增色。使空间充满活力，达到功能性和观赏性、技术性和艺术性的统一。

室内交通系统设计的优劣常成为室内空间成败的主要因素，其处理手法和方式常体现建筑的个性，或成为某种独特风格的重要标志。

在交通联系空间的装饰设计上，应特别强调标志性、识别性和引导性。如以色彩来区分不同楼层，用不同的图案标志、陈设来加强引导和识别场所和方向等等。

5.2 门厅

5.2.1门厅的功能与作用

不同建筑类型和不同地区，对门厅有不同的要求，作为纯交通性的门厅，一般说来可以压缩至符合疏散要求的程度即可。兼有休息和其他业务的门厅，必须考虑留出不受交通干扰和穿越的安静地带，并创造宜人的停留空间。艺术性要求较高的重要公共建筑门厅的空间尺度，除了考虑功能需要外，还应符合美学的要求（图5-1）。

门厅作为进入建筑的起点，它除了担负着组织交通的枢纽作用外，作为空间的起始阶段，其空间形状、大小、比例、方向，除按本身功能要求外，还应作为整个空间序列的有机组成部分来考虑。

门厅入口的视点景观分析有助于建立获得第一印象的重要意义和室内空间艺术形象更完善的表达。门厅入口立面的虚实、高低、大小、比例的研究，有助于对外部造型的艺术形象的处理。因此门厅的设计特点就在于内外兼顾、室内空间与外部体量并举（图5-2、图5-3）。

图5-1 酒楼门厅造型

图5-2　酒店大堂门厅设计

图5-3　会场的门厅建设

5.2.2门厅的位置及形式

门厅的形式，根据具体情况有不同的处理方法，主要有三种类型：

（1）有明确的界定，具有独立的空间——独用门厅；

（2）与其他厅室的使用功能相结合——合用门厅（多用门厅）；

（3）具有多层次的门厅组织。

具有明确界面的门厅，常有一定的形状，如方、圆、矩形等，因此在室内设计时对地面、顶棚、墙面装修以及照明、家具布置等，相对比较独立，较易处理。门厅和其他使用空间相结合成为统一的空间，彼此之间一般没有十分明确的界定，功能多样，布置分散，在处理顶棚、地面、照明等诸多方面，要复杂一些，这时也可通过地面或顶棚的变化，如升高或降低等方法，在统一空间中，作为相对的界定，分别处理，或许要容易一些。多层次门厅，在北方常由于天气寒冷，公共大门经常处于被开启的状况，影响室内保温；或者由于建筑功能组织和立面造型统筹考虑的结果造成的，需要再增加一个层次。凡此种种均须按实际情况区别对待。

由于门厅有较大的可塑性，特别和立面、入口的处理关系十分密切，因此，也常根据立面造型的需要，加以进一步调整。

5.3 中庭

5.3.1中庭的功能与作用

我国传统的院落式建筑布局，其最大的特点是形成具有位于建筑内部的室外空间即内庭。这种和外界隔离的绿化环境，因其清静不受干扰而能达到真正的休息作用。庭院居中，围绕它的各室也自然分享其庭院景色，这种布局形式，在现代建筑中还常运用，现代中庭吸取了这个优点并有了进一步的发展，波特曼式的共享空间，就是中庭中最具代表性的创造，为人们生活增添了乐趣。既丰富了生活，也创造了新的空间，这充分说明了只有在变化发展中的事物，才有强大的生命力（图5-4）。

中庭式共享空间的基本特点在于：

（1）根据人的心理需要，来创造相应的空间环境。在人的生活中，需要有相对变化的不同环境，这种环

图5-4 某酒楼的中厅设计

境变化愈有特色，就更能吸引人。所谓露明电梯，人看人，大空间，就是因为和日常所见有所不同。

（2）室内外结合，自然与人工相结合。社会愈高度发达，自然显得更具可爱，人工材料愈多，天然材料更觉宝贵。经常在现代化餐厅用餐的人，觉得野餐更有味道。人们对自然的偏爱是有天性的，这种天性的向往，在发达社会中更显得突出。中庭中设置的较大规模的山水、树木花草、水池、流泉，使人觉得与自然更为接近。高大的玻璃幕墙，足以望至天边，在这里可以洗涤社会中的污浊，净化心灵，得到自然的陶冶和美的享受（图5-5）。

（3）共性中有个性。作为社会的人，有共同生活的愿望和习惯，因此交谈、社交同乐，喜欢热闹，使个人融化在群众的欢乐之中，这是一个方面。但同时也需要有个人的活动。需要私密感，在不同的情况下，可以找到适合于自己的空间环境。共享空间中布置了多种环境，如小岛可作为集体，也可作为个人来享用。

（4）空间与时间的变化，静中有动。完全静止的空间，不会有生气，经常处于动乱中也会感到烦恼。露明电梯的徐徐升降，潺潺流水，空间多种形态的变化、光线、照明的变幻，都使静止的建筑具有动感，坐着的人感到充满活力和生机。多层次的空间，提供了变化多端俯视景观的变化情趣（图5-6）。

（5）宏伟与亲切相结合。中庭的高大尺度，巨大

的空间并不使人望而生畏，因为在那里有很多小品的点缀和绿化的打扮，大空间里又包含小空间，所有这一切都起到柔化和加强抒情的作用。从而使人感到既宏伟又亲切，壮美和柔美相结合。

不一定需要所有的中庭都变成共享空间，或者都成为一种模式。但中庭的特点，确实在许多建筑中广泛流传，甚至也涉及住宅。

现代许多中庭，既是室内，又像在室外。这种室内的室外空间，或者说是室外空间的室内化，正是室内设计返璞归真、回归自然的一种手段，而室内的室外化又恰恰成为了中庭室内设计的重要特色。

5.3.2 中庭的位置及形式

中庭在现代建筑中具有多种形式，它有以下几个主要特点：

（1）常有贯通多层的高大空间；

（2）常作为该建筑的公共活动中心或共享空间；

（3）常布置绿化、休息座椅等以及中心景点；

（4）常成为交通中心，或和交通枢纽有密切的联系；

（5）它也可以是多功能的（可以进行多种形式活动），也可以是比较单一的。

中庭对改善建筑环境，鼓励人们接近自然，促进人际交往，丰富室内空间和多样性活动，起着重要的积极作用，也是进一步继承和发展我国庭院式建筑的重要途

图5-5 酒店中的中厅建设

图5-6 购物城的中厅空间

径。随着建筑层数多，高层建筑的出现，传统的"落地式"庭院，必然进一步发展为"高空式"庭院，而且应该逐渐从少数的饭店、宾馆、大型公共建筑中庭，推广到和人民生活更为密切的大量的公共建筑中去。

5.4 楼梯、电梯厅

电梯主要用于高层建筑中，常和疏散楼梯结合在一起，组成高层建筑所特有的核心筒体，作为建筑的交通枢纽。

5.4.1楼梯

楼梯在平时作为垂直交通，在紧急时是主要疏散通道，因此必须按设计规范进行设计。

楼梯的功能和多种处理方式，使其在建筑空间中有着特殊的造型和装饰作用。一般有开敞式和封闭式两种，并有不同的风格和形态，如庄重型或活泼型，对称式或自由式。也常作为空间分隔和空间变化的一种手段。

开敞式楼梯可以在空间中创造多层次的不同位置，为人们带来流动变化的景观。在适当位置，可扩大楼梯平台，为人们提供良好的休息场（图5-7）。

楼梯以其特殊的尺度、体量、变化的空间方位，丰富多样的结构形式可塑性的装修手段，在许多建筑造型和室内空间处理中，起着极其重要的作用（图5-8）。

楼梯前的台阶常作为楼梯的空间延伸而引人注目，起到引导的作用。

楼梯在中西方不同历史时期，都具有不同的传统作法，因此也常代表每一时期的风格。

5.4.2电梯厅

双排或单排的电梯厅面积一般均按规范要求确定，空间很有限，因此在装饰上，大都比较简洁，不需要过多的装饰，更没有什么陈设，特别是影响交通的东西。但作为公共出入的必经之地，现代电梯一般都装有音乐、方框广告或平板电视等。而在装饰材料上则采用坚固耐用，美观的材料，如花岗石、大理石、不锈钢等（图5-9）。

图5-7 开敞式楼梯造型

图5-8 住宅内丰富多样的楼梯设计

图5-9 某电梯厅的装饰设计

第6章 居住建筑室内设计

6.1 设计要求与措施

6.1.1使用功能布局合理

住宅的室内环境，由于空间的结构划分已经确定，在界面处理、家具设置、装饰布置之前，除了厨房和浴厕有固定安装的管道和设施及它们的位置已经确定之外，其余房间的使用功能，或一个房间内功能位置的划分，需要以住宅内部使用的方便合理作为依据。

住宅的基本功能不外乎睡眠、休息、饮食、盥洗、家庭团聚、会客、视听、娱乐以及学习、工作等等。这些功能相对地又有静或闹、私密或外向等不同特点，例如睡眠、学习要求静，睡眠又有私密性的要求，满足这些功能的房间或位置（如卧室、学习室，或一个房间中的睡眠和学习的部位），应尽可能安排在里边一些，设在"尽端"，以不被室内活动穿通；又如团聚、会客等活动相对地闹些，会客又以对外联系方便较好（如起居、会客室或房间中起居、会客的部位），这些房间或活动部位应靠近门厅、门内走道等；此外，厨房应紧靠用餐厅，卧室与浴厕贴近，这样使用时较为方便。合理的功能布局是住宅室内装饰和美化的前提（图6-1）。

图6-1　某套普通住宅的装饰

6.1.2风格造型通盘构思

室内设计通盘构思，需要从总体上根据家庭职业特点、艺术爱好、人口组成、经济条件和家中业余活动的主要内容等作通盘考虑。例如，是富有时代气息的现代风格，还是显示文化内涵的传统风格；是返璞归真的自然风格，还是既具有历史延续性，又有人情味的后现代风格；是中式的，还是西式的，当然也可以根据业主的喜爱，不拘一格融中西于一体混合的艺术风格和造型特征，但是都需要事先通盘考虑，即所谓"意在笔先"。先有了一个总的设想，然后才着手地面、墙面、顶面怎样装饰，买什么样式的家具，什么样的灯具以及窗帘、床罩等室内织物和装饰小品。

家庭的室内设计与装饰主要是根据使用者的意愿和喜爱，从当前大部分的城市住宅面积标准还不高、工作又较紧张、生活节奏快、经济负担重等多种因素考虑，家庭的室内装饰仍以简洁、淡雅为好。因为简洁、淡雅有利于"扩展"空间，形成恬静宜人、轻松休闲的室内居住环境，这也是居室室内环境的使用性质所要求的。当然，家庭和个人各有爱好，住宅内部空间组织和平面布局有条件的情况下，空间的局部或有视听设施的房间等处，在色彩、用材和装饰方面也可以有所变化。一些室内空间较为宽敞、面积较大的公寓、别墅则在风格造型的处理手法上，变化可能性更为多一些，余地也更大一些（图6-2、图6-3）。

6.1.3色彩、材质协调和谐

住宅室内的基本功能布局确定后，又有了一个在造型和艺术风格上的整体构思，然后就需要从整体构思出发，设计或选用室内地面、墙面和顶面等各个界面的色彩和材质，确定家具和室内纺织品的色彩和材质。

色彩是人们在室内环境中最为敏感的视觉感受，因此根据主体构思，确定住宅室内环境的主色调至为重

图6-2　住宅客厅装饰（一）

图6-3 住宅客厅装饰（二）

要。例如是选用暖色调还是冷色调，是对比色还是调和色，是高明度还是低明度等等。

住宅室内设计与装饰中的色彩，可以根据总的构思要求确定主色调，考虑不同色彩的配置和调配。例如选用高明度、低彩度、中间偏冷或中间偏暖的色调或以黑、白、灰为基调的无彩体系，局部配以高彩度的小件摆设或沙发靠垫等等。

住宅室内各界面以及家具、陈设等材质的选用，应考虑人们近距离长时间的视觉感受，甚至可以与肌肤接触等特点，材质不应有尖角或过分粗糙，也不应采用触摸后有毒或释放有害气体的材料。从人们的亲切自然感，或者说人与室内景物的"对话"角度考虑，在家庭居室内，木材、棉、麻、藤、竹等天然材料再适当配置室内绿化，始终具有引人的魅力，容易形成亲切自然的室内环境气氛，当然住宅室内适量的玻璃、金属和高分子类材料，更能显示时代气息（图6-4）。

色彩和材质、色彩和光照都具有极为紧密的内在联系，例如不同树种的木质，都各自具有相应的色、相、明暗和特有纹理的视觉感受，它们相互之间很难分离开，正如玻璃的明净、金属的光泽一样，材料特有的色彩、光泽和纹理即为该材质的属性，这对天然材料尤为突出；色彩和光照同样具有相应的联系，例如在低色温、暖光色的光源照射下（如为2800K的白炽灯），被照物体均被一层浅浅的暖色黄光所覆盖，相反如被高色温、冷光色的光源照射下（如为6500K的荧光灯），则被照物体有如被一层青白色的冷光所覆盖，这些因素在设计与选用色彩、材质时均应细致考虑。

在住宅室内空间的环境中，选用合适的家具，常起到举足轻重的作用。家具的造型款式、家具的色彩和材质都将与室内环境的实用性和艺术性相关。

6.1.4 突出重点、利用空间

住宅的室内尽管空间不大，但从功能合理、使用方便、视觉愉悦以及节省投资等几方面综合考虑，仍然需要突出装饰的投资的重点。近入口的门斗、门厅或走道，尽管面积不大，常给人们留下第一印象，也是回家后首先接触的室内，宜适当从视角和选材方面予以细致设计。起居室是家庭团聚、会客等使用最为频繁、内外接触较多的房间，也是家庭活动的中心，室内地面、墙面、顶面各界面的色彩和选材，均应重点推敲进行设计。如长条硬木企口地板对居室是较为

舒适的铺地材料；墙面在小面积住宅中，很大一部分将由家具遮挡，且面积较大，通常也不必采用大面积的木装修或饰面装饰材质；住宅的平顶更应平整简洁，一般情况涂料喷白即可。从现代家庭的实际使用效果来衡量，资金的投入应重点保证厨房和浴厕的设施，以及易于清洁和防潮的面层材料，排油烟器、热水器等是防污和卫生所必需的设施，在有限的资金投入中，厨房、厕浴间的设施应予保证，这将有效地提高居住的生活质量。

由于住宅一般面积较小，布局紧凑，因此在门厅、厨房、走道以至部分居室靠墙处可以适当设置吊柜、壁橱等以充分利用空间，在必要时某些家具也可兼用或折叠，如沙发床、白天可翻起的床、翻板柜面的餐桌等。

一些面积较宽敞、居室层高也较高的公寓或别墅类住宅建筑的室内，其重点部位仍是起居室、门厅、厨房、厕浴间等。各个界面的设计，由于空间较大。层高较高，在造型、线脚、用材等方面，根据不同风格的要求，可以比面积紧凑住宅的处理手法丰富而富有变化，如部分交通联系面积可适当选用硬质地砖类材料，墙面可以设置木墙裙（即护壁），起居室、餐厅等的顶棚也可设置线角或灯槽，卧室墙面可作织物软包等。

6.2 起居室、餐室与卧室

住宅建筑一进门，从功能分析需要有一个由户外进入户内的过渡空间，主要功能为雨天存放雨具或脱挂雨衣，脱挂外套或大衣，有的住户习惯进人户内后换鞋，也有需要在进门处存放一些包袋等小件物品的空间。小面积住宅常利用进门处的通道或由起居室入口处一角作适度安排（面积为1.4～2.4m²即可），一些面积较宽敞的居住建筑，如公寓、别墅类住宅。常于入口处设置单独的门斗、前室或门厅，这一空间内通常需设置鞋柜、挂衣架或衣橱、储物柜等。单独设置的空间还应考虑合适的照明灯具，面积允许时也可放置一些陈设小品和绿化等，使进门后的环境留下良好的第一印象，地面材质以易清洁耐磨的同质陶瓷类地砖为宜。

6.2.1 起居室

起居室是家人团聚、起居、休息、会客、娱乐、

图6-4　豪华住宅的各个区域设计

视听活动等多种功能的居室，根据家庭的面积标准，有时兼有用餐、工作、学习，甚至局部设置兼具坐卧功能的家具等，因此起居室是居住建筑中使用活动最为集中、使用频率最高的核心室内空间，在住宅室内造型风格、环境氛围方面也常起到主导的作用。

起居室平面的功能布局，基本上可以分为：一组配置茶几和低位座椅或沙发组成的谈话、会客、视听和休闲活动区；其次即为联系入口和各类房间之间的交通面积，应尽可能使视听、休闲活动区不被穿通，为使布局紧凑、疏密有致，通常沿墙一侧可设置低柜或多功能组合柜，再适当配置室内绿化和壁饰、摆件等陈设小品。标准较高的起居室可配置成套室内家具，其设置的位置也有较大余地。根据住宅的总体面积和分室条件，有时在起居室需兼有用餐或学习等功能，则应于房间的近厨房处设置餐桌椅，学习桌椅或伏案工作应尽可能设置于房间的尽端或一隅，以减少干扰。

起居室家具的配置和选用，在住宅室内氛围的烘托起到极为重要的作用，家具从整体出发应与住宅室内风格协调统一。

起居室内除必要的家具之外，还可根据室内空间的特点和整体布局安排，适当设置陈设、摆件、壁饰等小品，室内盆栽或案头绿化常会给居室的室内人工环境带来生机和自然气息。

起居室的室内空间形状，主要是由建筑设计的空间组织、建筑形体结构构成、经济性等基本因素确定，通常以矩形、方形等规整的平面形状较为常见，当住宅形体具有变化、造型具有特征，或结合基地地形等多种因素，则非直角、非规整，甚至多边形等平面与相应空间形状的居室均可能出现，这时常给起居室的室内空间带来个性与特色。低层独立式的别墅类住宅，较有可能形成有个性的起居室空间形状，但非直角或多边形的平面，适宜于面积稍大、较为宽敞的起居室，小面积带锐角的平面，不利于室内家具的布置，当然直角规整平面

图6-5 起居室的装饰案例

的起居室，通过墙面、隔断、平顶等界面的处理，也可以在空间形状上有一定的变化。

起居室室内地面、墙面、顶棚等各个界面的设计，风格上需要与总体构思一致，也就是在界面造型、线脚处理、用材用色等方面都需要与整体设想相符。起居室环境氛围的塑造，空间与界面的设计，是形成室内环境氛围的前提与基础（图6-5）。

起居室界面的选材，地面可用条木企口地板、层压地板或陶瓷地砖。地砖易清洁，但质硬，热传导系数大，冬季长时间与腿脚接触会感到不适，可于地砖面上局部铺设地毡或地毯，以改善其性能。墙面通常可用乳胶漆、墙纸或木台度（护壁）。根据室内造型风格需要，也可以把局部墙面处理成仿石、仿砖等较为粗犷的面层，适当配以绿化，使其具有田园风格或自然风格的氛围。起居室的顶棚，如层高不高、房间面积不大时，一般不宜做复杂的花饰，只需于墙面交接处钉上顶角线。或置以较为简洁的顶棚线脚即可，

通常顶棚可喷白或刷白，对层高较高、面积宽敞的起居室，为使房间不显单调，顶棚可适当加以造型处理，但仍需注意与整体氛围的协调，起居室灯具可用具有个性的吊灯，沙发座椅边可设置立灯，较为宽敞的起居室也可适当设置壁灯，由于住宅的使用性质及室内空间尺度等因素，灯具的选用也不宜采用宾馆型的复杂、华丽的大型灯具。

6.2.2 餐厅

餐厅的位置应靠近厨房，餐厅可以是单独的房间，也可从起居室中以轻质隔断或家具分隔成相对独立的用餐空间，家庭餐厅宜营造亲切、淡雅的家庭用餐氛围，餐厅中除设置就餐桌椅外，还可设置餐具橱柜。由于现代城市家庭人口构成趋于减少（城市核心家庭人口已在3口左右），因此从节省和充分利用空间出发，在起居室中附设餐桌椅，或在厨房内设小型餐桌，"厨餐合一"时就不必单独设置餐厅，为适应就

图6-6　餐厅的装饰案例

餐人数多而就餐空间小的氛围，可选用折叠的餐桌以及灵活移动的隔断（图6-6）。

6.2.3 卧室

卧室是住宅居室中最具私密性的房间，卧室应位于住宅平面布局的尽端，以不被穿通；即使在一室户的多功能居室中，床位仍应尽可能布置于房间的尽端或一角。室内设计应营造一个恬静、温馨的睡眠空间（图6-7）。

住宅中若有二个或二个以上卧室时，通常一间为主卧室，余为老人或儿童卧室，主卧室设置双人床、床头柜、衣橱、休息座椅等必备家具，视卧室平面面积的大小和房主使用要求，尚可设置梳妆台、工作台等家具，有的住宅卧室外侧通向阳台，使卧室有一个与室外环境交流的场所。现代住宅趋向于相对地缩小卧室面积，以扩大起居室面积，卧室室内的家具也不宜过多。卧室各界面的用材，地面以木地板为宜，墙面可用乳胶漆、墙纸或部分用软包装饰，以烘托恬静、温馨的氛围，平顶宜简洁或设少量线脚，卧室

的色彩仍宜淡雅，但色彩的明度可稍低于起居室，同时卧室中床罩、窗帘、桌布、靠垫等室内软装饰的色彩、材质、花饰也将对卧室氛围的营造起很大作用。

6.3 厨房、浴厕间
6.3.1 厨房

厨房在住宅的家庭生活中具有非常突出的重要作用，操持者一日三餐的洗切、烹饪、备餐以及用餐后的洗涤餐具与整理等，一天中常用2～3小时需要耽搁在厨房，厨房操作在家务劳动中也较为劳累，有人比喻厨房是家庭中的"热加工车间"。

因此，现代住宅室内设计应为厨房创造一个洁净明亮、操作方便、通风良好氛围，在视觉上也应给以井井有条、愉悦明快的感受，厨房应有对外开窗的直接采光与通风（图6-8）。

厨房设计时，设施、用具的布置应充分考虑人体工程学中对人体尺度、动作域、操作效率、设施前后左右的顺序和上下高度的合理配置。厨房内操作的基本顺序为：洗涤→配制→烹饪→备餐，各环节之间按顺序排

图6-7 主卧室、老人卧室、儿童卧室、客房的空间设计

图6-8 厨房空间的装饰

厨房设施基本尺寸及用材参考　　　　　　　　　表6-1

名称	尺寸长×宽×高(mm)	材质
洗涤盆	510～610×310～460×200 310～430×320～350×200 850～1050×450～510×200	陶瓷类 不锈钢 不锈钢（带洗刷台面）
煤气灶具	700×380×120	搪瓷 不锈钢
排油烟机	750×750×70	铝合金 不锈钢
微波炉	550～600×400～500×300～400	金属喷塑面
电冰箱	550～750×500～600×1100～1600	金属喷塑面
操作台面及贮藏柜（下柜）	700～900×500～600×800～850 长度也可根据厨房实测调整	防火板面 不锈钢面
贮藏柜（上柜，吊柜）	700～900×300～350×500～800 长度也可根据厨房实测调整	防火板面 装饰板面
煤气表	160×110×200	（定型产品）
水 表	φ150×100	（定型产品）
燃气热水器	320～360×180×630	（定型产品）
消毒柜	立式425～464×358～430×535～1100 卧式600～900×325～363×390～418	不锈钢 金属喷塑面
洗碗机	立式450×580×800 600×600×850 卧式570×500×450 570×500×480	不锈钢内胆 金属喷塑面（定型产品）

列，相互之间的距离以450~600mm之间操作时省时方便。厨房内的基本设施有：洗涤盆、操作台（切菜、配制）、灶具（煤灶、液化气或煤气灶具、电灶）、微波炉、排油烟、电冰箱、储物柜等（表6-1）。

厨房的操作台、贮物柜等可以根据厨房平面由木工现场制作，但是从发展趋势、减少现场操作和改进面层制作质量来看，应逐步走向工厂化制作、现场安装的模式。一般由橱具生产或经营单位的技术人员到厨房现场量尺寸，出图后由工厂加工，然后再现场安装拼装。也可生产定型单元由业主按图自行安装。当前在装修厨房时常把煤气管道（包括软管接头等）封闭在密闭的橱柜中，万一漏气容易积聚，造成隐患，须严加注意。

厨房的各个界面应考虑防水和易清洗，通常地面可采用陶瓷类同质地砖，墙面用防水涂料或面砖，平顶用白面防水涂料即可。

6.3.2. 浴厕间

浴厕间是家庭中处理个人卫生的空间，它与卧室的位置应靠近，且同样具有较高的私密性。小面积住宅中常把浴厕盥洗置于一室。面积标准较高的住宅，为使有人洗澡时，使用厕所不受影响，因此也可采用浴厕间单独分隔开的布局。多室户或别墅类住宅，常设置两个或两个以上的浴厕间。浴厕间的室内环境应整洁，平面布置紧凑合理，设备与各管道的连接可靠，便于检修（表6-2）。

浴厕间中各界面材质应具有较好的防水性能，且易于清洁，地面防滑极为重要，常选用的地面材料为陶瓷类同质防滑地砖，墙面为防水涂料或瓷质墙面砖，吊顶除需有防水性能。还需考虑便于对管道的检修，如设活络顶格硬质塑胶板或铝合金板等。为使浴厕间臭气不逸入居室，宜设置排气扇，使浴厕间室内形成负压，气流由居室流入浴厕间（图6-9）。

随着科学技术的进步，目前我国不少城市已建设有智能化社区，在居住建筑室内设计中应注意智能化的操作应用。智能化住宅的综合布线系统，是由建筑底层向上垂直敷设至顶层的主干布线系统所用的电缆竖井和上升房等设施常选择在建筑物中心的公共交通部位（如公共走廊、楼梯间、过厅等）。各楼层的水平布线子系统常利用室内吊顶、活动地板、墙面装修等进行暗敷，其电缆敷设的槽道由路、位置、管径、规格、通信端引出端的位置和数量以及缆线穿放敷设的预留洞孔尺寸大小位置及加固措施，均应协同综合布线有关人员密切配合，协调处理，所有管线安装应严格按规定进行防火、防水、防潮处理。此外，除智能化外同时还将向节能（如利用太阳能、地热等）、节水（国家标准委员会2004年将"6升水便器配套系统"列为国家强制性标准）、利用微生物处理家庭垃圾、废物利用以及节约原材料等措施的生态住宅发展。

浴厕间设施尺寸及用材参考

表6-2

名 称	尺寸长×宽×高(mm)	材质
浴 缸	120、1150、1680×750×400、440、460	玻璃 钢搪 瓷铸铁
淋浴器	850~900×850~900×120	地砖砌筑 搪瓷
坐便器	340×450×450 （490）（650）（850） 括号中为坐便器与低水箱组合的尺寸	瓷质
洗脸盆	550~750×500~600×1100~1600	瓷质
洗衣机（单缸、双缸）	550~750×500~600×1100~1600 550~750×500~600×1100~1600	（定型产品）
排气扇	φ200	（定型产品）

图6-9　浴厕空间设计

6.4 居住建筑室内照明
6.4.1 住宅照明的要求及分类

一个好的住宅照明要满足各种功能的要求，虽然住宅千差万别，尤其要体现主人个性，但都可以通过良好的照明设计来满足不同要求。

（1）照度水平

一般住宅照明设计应根据我国"民用建筑照明设计标准"的推荐值进行。但考虑到照明技术的发展，推荐以下值作参考：

写字台：工作、阅读、书写	200～300lx
起居室：熨衣等家务劳动	300～500lx
餐厅、厨房：备餐等	150～200lx
厨房：一般照明	50～100lx
卫生间或电视等	

（2）室内亮度分布

室内亮度不宜均匀分布，均匀分布亮度令人感到单调不舒适、空间美感不足，应根据不同环境设计不同的高度、亮度应有变化并具有层次感。

（3）室内亮度的控制

亮度会影响人的情绪。例如，在接待客人时，需要的亮度，以使人精神愉快，起居室也应适当提高亮度，而在安静的休息场所则需要较弱的亮度。

（4）适当的亮度对比

为了视觉舒适，还应注意工作区的亮度对比。工作区、工作区的周围和工作区环境背景，它们之间的亮度对比不宜过大，亮度差别过大会引起不舒适眩光，这容易使人疲劳。一般工作区和工作区周围亮度比不超过4倍，其亮度对比尽量达到最小。

（5）内反射率的影响

在同样的照度，浅色格调的室内亮度较高，深色格调的室内亮度较低。因此，暗色调的室内应有更充足的光线来补偿。

（6）光线的色调应用

光线有冷色调，中性色调、暖色调之分。冷色调适合阅读、家务劳动；暖色调适合用餐、欣赏音乐，看电视等。

图6-10 住宅空间的照明设计

图6-11　住宅中的局部照明

图6-12　重点照明

图6-13　装饰照明

室内装修和家具布置如为暖色调，照明则应使用暖色调光源；如为冷色调布置，则宜采用冷色调光源。

（7）局部照明的应用

在某些局部需要高照度的场所宜设置局部照明，如台灯、落地灯、壁灯、床头灯等。

（8）装饰照明

用造型优美的灯具对室内照明，或用灯光显现室内的装饰效果。

（9）绿色照明

在住宅内应注意节能，不宜一律选用耗能较高的白炽灯，应广泛采用紧凑型荧光灯和节能型灯具，适当选用调光器，并可灵活地对灯进行控制，以利节能。

6.4.2 住宅照明的方式及种类

为方便住宅照明设计，可以按住宅照明方式及种类进行分类，并对房间作具体分析。

住宅照明有全面照明、局部照明、重点照明和装饰照明。照明方式有直接照明，间接照明和投光照明等（图6-10～图6-13）。

①全面照明

全面照明也叫"一般照明"或"基础照明"。它是将一个大范围的空间或整个房间照亮的照明。照明要求明亮、舒适、照度均匀、无眩光等。

全面照明可采用安装在天花板中央的吸顶灯或吊灯，照明方式一般采用直接—间接性照明，以增加顶棚和空间的亮度，也可采用带扩散格栅的荧光灯照明。全面照明不只限于采用直接照明方式，也可采用间接照明方式。将灯具隐蔽起来的称为穹形照明；在墙与天花板间设置向下照的称为檐口照明；采用高柱形落地灯向上照射的称为反射式间接照明等。间接照明的光线柔和、舒适，但有低沉的气氛。

②局部照明

局部照明是在"全面照明"的基础上附加的一系列对工作区域的照明。这些区域需要较高的照度。照明要求有足够的光线和合适的位置并避免眩光。还应注意使用局部照明时，周围环境亮度应保持工作区亮度的1/3，不宜产生强烈的对比，以获得轻松而舒适的工作照明。

照明灯可采用导航灯、台灯、落地灯、悬吊灯以及柜子下方照明灯，灯具也可以是隐蔽式的。

③重点照明

利用光线集中照射，对雕塑、绘画、壁饰、照片，

植物或建筑物本身（如砖块、石头、窗帘等的材料质地）进行照射，使之更加醒目或更多鲜艳，或产生立体感。对于永久性的固定的绘画、壁饰、照片等，选择投射灯装置定位于远离墙壁的地方，并从照明装置到被照目标的中央点保证为30°角，以避免镜框对人的反射眩光。

重点照明一般采用低压卤钨灯、白炽灯、金卤灯等。灯具常用筒灯、射灯、壁灯等安装在顶棚上、墙上、架子上等处。通常每一个重点照明需要一个照明装置，照度的数量是一般照明照度的5倍。

④装饰照明

装饰照明是利用具有特色的装饰性灯具安装在房间不同地点，用于增添居室的活力、特色及韵味。照明灯具本身的艺术造型起到点缀居室的效果，其光线可创造各种环境气氛或意境。有些灯具仅作装饰用，没有实用功能，这是纯装饰性的，也有兼顾功能性与装饰的，在选用时，要考虑其造型、尺度、功率、安装位置及艺术效果等，并应注意节能。

6.4.3 起居室照明

人们在很多活动都在起居室里进行、谈话、阅读和看电视是起居室中最主要的活动，有可能写字和吃饭也在起居室，实际上起居室是一个家庭的心脏，完全有理由要精心设计它的照明，由于起居室有多种用途，因而对它进行照明设计的关键是照明方式要灵活，且照明效果要多样化，也就是说要有合适于各种情况的多种照明装置，根据需要的明暗要求，可同时或部分启用这些装置。

谈话是起居室内主要的活动之一，照明应该以令人愉快的方式使谈话者能看到对方脸部细节和眼神，良好的环境照明足以使人能看到对方的眼神，但要看到对方脸部的细节，需要不止一个方向的照明；如果采用调光器，还能对一般照明的水平进行调节，以获得所要求的气氛。

阅读要求有比较高的照度，具体数值视阅读者的年龄而定，一般来说，对于看书和看杂志，照度应400lx以上，置于沙发近旁的落地灯可以提供良好的阅读照明，灯具不仅能为阅读提供足够的照度，而且有部分上射光能形成良好的环境照明，在这种灯具中采用卤钨灯或紧凑型荧光灯作为光源。

无论是在起居室内还是在其他地方进行阅读，都

图6-14　起居室的灯光表现

要求有良好的局部照明，当然，这里也要求有一定的环境，提供局部照明的灯具应该比较大，这样它产生的阴影比较小，轮廓也比较淡，光源可以采用白炽灯或紧凑型荧光灯。

看电视也是人们在起居室内的主要活动，在黑暗中看电视会使眼睛非常疲劳，解决的方法是在电视机上部或靠近电视机的地方安装灯具，或者采用小灯具照明附近的墙面（如墙上的画）。

起居室内主要的环境照明可由房中央安装的吸顶式荧光灯具来提供，也可采用暗装式的间接照明，为了扩大房间的空间感，还可在周围采用一些灯具来照明墙壁（图6-14）。

6.4.4 卧室照明

卧室是休息的场所，因此需要安静柔和的照明，可以在顶棚上选择安装乳白色半透明的灯具构成一般照明，也可以使用间接照明造成柔和、明亮的顶棚。

除了一般照明，在床头和梳妆台需加上局部照明以利于阅读和梳妆，可在梳妆台两侧垂直安装低亮度的带状光源，或在梳妆台上部安装带状灯具，所使用的光源显色性要好，以显出人的自然肤色，在床头两边安装中等光束角的壁灯，要能独立地调节和开关每侧的壁灯以满足个人需要，也可在床头安装台灯，如果房间较宽敞，有写字台或沙发，可在其上放置台灯或在旁边安装落地灯（图6-15）。

6.4.5 厨房照明

厨房的照明应让使用者能愉快而有效率地准备各种餐膳，照明要求没有阴影，不管是在水平面或垂直面上都有一定的照度，以方便工作和在橱柜内寻找东西，一般工作面在橱柜下面，如果只有一般照明则会造成阴影，此时需要加上局部照明以消除工作面上的阴影（图6-16）。

在厨房要接触很多食物，要辨别食物的新鲜与否，因此一般照明和局部照明要选用高显色指数的光源（Ra≥80），厨房实际上是一个工作区，要求的照度较高，为了节能，大多采用荧光灯。

6.4.6 餐厅照明

在许多家庭中，并没有单独的餐厅，用餐的区域是起居室的一部分，对这种情况照明和对餐厅的照明设计思想是一致的。

在餐厅中，主要活动是围绕餐桌进行的，现在不是将整个房间均匀照亮，而是将灯光集中在餐桌上，用餐者在面部也能得到良好的照明，这样就能形成一种亲密无间的气氛，通常采用一个悬挂于餐桌上方的灯具来产生照明当餐桌太大时，可用两个或三个小一点的灯具，灯具通常是玻璃或塑料灯罩，它能为用餐者的面部提供一些照明（图6-17）。

餐桌上方悬挂的灯具一般应高出桌面80cm，但最好能够调节高度，若灯具能进行调光则更好，这样可以根据不同的情况将照明调节到合适的水平，如果用餐的区域是在起居室中，在不用餐时，有时也可将餐桌上方的吊灯开着（不一定开足），作为整个起居室的一道风景。

餐厅还需要一般照明，使整个房间有一定的照明，以免有突兀之感，一般照明可采用吸顶式荧光灯具，或暗装式间接照明。

图6-15 卧室照明

6.4.7盥洗室照明

与厨房照明相似，盥洗室既要求良好的一般照明，也要求良好的局部照明。一般照明要足够强，以保证能透过淋浴间的帘子或档屏，通常采用吸顶灯来提供一般照明，可在盥洗室内镜子的两边垂直安装两个灯具，也可以在镜子的上方使用面光源，提供局部照明，为了再现人的肤色，要求采用显色性好的光源，尤其光谱中必须有丰富的红色成分（图6-18）。

在盥洗室中，有相当的水汽，因此用电安全特别重要，为此提出以下几点建议：

墙上安装的开关最好装在盥洗室门外的墙上；

除剃须刀用的插座外，盥洗室内应无其他插座；

灯具必须是密闭的，能防止水汽凝聚，并且应安装在水溅不到的地方。

图6-17　餐厅灯光

图6-16　厨房照明

图6-18　盥洗室的灯具安装

第7章 旅游建筑室内设计

旅游建筑包括酒店、饭店、宾馆、度假村等，近几年来得到了迅速的发展。

旅游建筑常以环境优美、交通方便，服务周到、风格独特而吸引四方游客。对室内装修的要求也因条件不同而各异。特别在反映民族特色、地方风格、乡土情调、结合现代化设施等方面，予以精心考虑，可使游人在旅游期间，在满足舒适生活要求外，了解异国他乡民族风情，扩大视野，增加新鲜知识，从而达到丰富生活、调剂生活的目的，赋予旅游活动游憩性、知识性、健身性等内涵。

7.1 酒店设计特点

根据旅客的特殊心态，旅馆建筑室内设计，应注重下列几点：

（1）充分反映当地自然和人文特色；

（2）重视民族风格、乡土文化的表现；

（3）创造返璞归真、回归自然的环境；

（4）建立充满人情味以及思古之幽情的情调；

（5）创建能留下深刻记忆的难忘的建筑室内装饰品格。

建筑室内装饰既是物质产品，又是精神产品，即蕴含着文化内涵。从建筑规划布局一直到室内装饰细部，无不与当地文化息息相关。不同地域的文化特色是在建筑室内设计的共性中塑造独特个性的主要因素，只有有意识地强调建筑中的个性，才能打破千篇一律、千人一面的局面。

建筑室内装饰设计中的不同流派、风格，反映了一定历史时期建筑文化思潮，主要起源于对不同时代建筑本质的理解和审美观念的认识，但它们不能代替对具体的、民族的、乡土的、地域的文化开发和创造，因此，要充分反映当地自然和人文特色，弘扬民族风格的乡土文化，还须对地区文化进行深入的探索与发展。只有建设地方性很浓的旅游建筑，旅客才能感受到新鲜，感受到身处他乡的乐趣，并从中得到启迪，这样的建筑室内装饰设计才具有普遍意义和生命力。所谓地域文化，包括思想观念、审美情趣、传统习俗、乡土意识等等，经过历史的积淀、时间的考验，最终凝结在各种表现形式之中，为广大民众认同，在现代建筑中，常有的建筑符号、装饰符号，都是在这些传统形式中提取、加工变化

图7-1 酒店建筑装饰

而运用的（图7-1）。

关于返璞归真、回归自然，应当包括物质和心理两方面的含义，特别是身居城市的人们，与自然隔离，生活环境日益恶化，从而希望重返大自然的怀抱；同时由于竞争激烈，生活节奏加快，人际关系复杂紧张，而人类天真淳朴的心情受到压抑，在物质环境受到污染的同时，环境同样也受到污染，因此必然祈求能获得一方净土，来抚慰受到创伤的心灵。正是由于这样的原因，包括酒店在内的建筑均十分重视将室内外空间融于大自然中，充分引进阳光、空气、

水……这些自然因素，强化室内外绿化设施，重视组织优美的室内外景观，充分利用和发挥自然材料的纯朴或华美的特色，减少人工斧凿，使人和自然更为接近和融合（图7-2）。

"宾至如归"充满人情味，也是旅馆设计的重要内容，不少旅馆按照一般家庭的起居、卧室式样来布置客房，并以不同国家、民族的风格装饰各种具有各国情调的餐厅、休息厅等，来满足来自各地区民族、国家旅客的需要。这样不但极大地丰富了建筑环境，也充分反映了对旅客生活方式、生活习惯的关怀和尊重，从而使旅

图7-2　引入自然元素的酒店空间

图7-3　酒店中的异国风情

图7-4　充满民族格调的酒店装饰

图7-5 酒店大堂设计

客感到分外亲切和满意（图7-3、图7-4）。

在现代旅馆中，也有不少采用中外古典风格来装饰建筑和室内，塑造了皇宫贵族式的豪华生活环境，使旅客可以体验一下与平民完全不同的生活内容，以满足某些旅客思古之幽情和好奇心理。

7.2 大堂的室内设计

酒店大堂是酒店前厅部的主要厅室，它常和门厅直接联系，一般设在底层，也有设在二层的，或和门厅合二为一。大堂内部主要有：

（1）总服务台，一般设在入口附近，在大堂较明显的地方，使旅客入厅就能看到，总台的主要设备有：房间状况控制盘、留言及钥匙存放架、保险箱、资料架等。

（2）大堂副经理办公桌，布置在大堂一角，以处理前厅的业务。

（3）休息座，作为旅客进店、结账、接待、休息之

用，常选择方便登记、不受干扰、有良好的环境之处。

（4）有关旅店的业务内容、位置等标牌，宣传资料的设施。

（5）供应酒水的小卖部，有时和休息座区结合布置。

（6）钢琴或有关的娱乐设施。

通向各处的公共楼梯、电梯或自动扶梯等交通枢纽和大堂有直接联系。

大堂内的各种设施相互间应有一定的联系，一般进店旅客从大门进入大堂，找座位稍歇，安排行李，进行登记，再通过电梯、扶梯通向客房，而退房旅客路线与此相反。较大的酒店还常设有邮电所、银行、寄存、商务中心、美容等业务，并和大堂有方便的联系，因此，在设计时应根据不同活动路线进行良好的组织。

大堂是旅客获得第一印象和最后印象的主要场所，是旅店的窗口，为内外旅客集中和必经之地，因此大多数旅店均把它视为室内装饰的重点，集空间、

图7-6　酒店电梯空间设计

家具、陈设、绿化、照明、材料等之精华于一厅。很多把大堂和中庭相结合成为整个建筑之核心和重要景观之地（图7-5、图7-6）。

因此，大堂设计除上述功能安排外，在空间上，宜比一般厅室要高大宽敞，以显示其建筑的核心作用，并留有一定的墙面作为重点装饰之用（如绘画、浮雕等，如图7-7）。同时考虑必要的具有一定含义的陈设位置（如大型古玩、珍奇物品等）。在材料选择上，要显得高档，又要给人亲切、温馨的感受，至于不锈钢、镜面玻璃等也有这种作用，但应避免商业气息过重，因为这些材料在商店中已广泛应用。目前很少见到以织物为主的装饰大厅的，大概织物更宜于客房、包厢之类的房间，从而也能起到相互对比衬托之故。大堂地面常用花岗石，局部休息处可考虑地毯、墙、柱面可以与地面统一，如花岗石或大理石，有时也有涂料，顶棚一般用石膏板或涂料。大堂的总台大

图7-7 酒店大堂的墙面装饰

部用花岗石、大理石或高级木装修。

7.3 客房

客房应有良好的通风、采光和隔声措施，以及良好的景观（如观海、观市容等），或面向庭院。避免面向烟囱、冷却塔、杂务院等，还要考虑良好的风向，避免烟尘侵入（图7-8）。

7.3.1 客房的种类和面积标准

客房一般分为：

（1）标准客房：放两张单人床的客房；

（2）单人客房：放一张单人床的客房；

（3）双人客房：放一张双人大床的客房

（4）套间客房：按不同等级和规模，有相连通的二套间、三套间、四套间不等，其中除卧室外，一般考虑餐室、酒吧、客厅、办公或娱乐等房间，也有带厨房的公寓式套间；

（5）总统套房：包括布置大床的卧室、客厅、写字间、餐室或酒吧、会议室等（图7-9）。

图7-8　酒店客房装饰

图7-9　酒店总统套房

客房面积标准：

五星级客房一般为26m²，卫生间一般为10m²，并考虑浴厕分设（图7-10）；

四星级客房一般为20m²，卫生间一般为6m²；

三星级客房一般为18m²，卫生间一般为4.5m²。

7.3.2客房家具设备

房间（图7-11）

（1）床，分双人床、单人床。床的尺寸，按国外标准分为：

单人床	100cm×200 cm
特大型单人床	115 cm×200 cm
双人床	135 cm×200 cm
王后床	150 cm×200 cm，180 cm×200 cm
国王床	200 cm×200 cm

（2）床头柜，装有电视、音响及照明等设备开关；

（3）装有大玻璃镜的写字台、化妆台及椅凳；

（4）行李架；

（5）冰柜或电冰箱；

〔（3）、（4）、（5）三项常组成组合柜〕

（6）彩电；

（7）衣柜；

（8）照明，有床头灯、落地灯、台灯、夜灯及在门外显示"请勿打扰"照明等；

（9）休息座椅一对或一套沙发及咖啡桌；

（10）电话；

（11）插座。

卫生间

（1）浴缸一个，有冷热水龙头、淋浴喷头；

（2）装有洗脸盆的梳妆台，台上装大镜面，洗脸盆上有冷、热水管各一个；

（3）便器及卫生纸卷筒盒；

（4）要求高的卫生间，有时将盥洗、淋浴、马桶分隔设置，包括4件卫生设备的豪华设施。

7.3.3客房的设计和装饰

客房内按不同使用的功能，可划分为若干区域，如睡眠区、休息区、工作区、盥洗区；客房内有时也

图7-10 酒店卫生间设计

可能容纳1～4人，有时几种功能发生在同一时间，如更衣和沐浴，睡眠和观看电视。因此在客房的家具设备布置时，在各区域之间，应有分隔又有联系，以方便不同使用者，有一定的灵活性和适应性。

旅店中一般以布置二个单人床位的标准客房居多，客房标准层平面也常以此为标准，确定开间和进深，开间的最小净宽应以床长加居室门为标准。混合结构一般不小于3300mm，套间也常以二或三标准间连通，或在尽端、转角处常可划分出不同于标准间大小的房间作为套间之用。套间可分为左右套或前后套。

也有设计成前后套的，前为起居室，后为卧室，卫生间布置在中间，通过中间走道联系。

因此一般说来，客房标准层在结构布置上是统一的。客房约占旅店60%的面积，这样比较经济合理。

图7-11　豪华酒店的家具设备

此外，还有不少由于建筑造型设计形成的特殊平面空间的客房，可以因势利导，增加客房形式的丰富性和多样性。

客房的室内装饰应以淡雅而不乏华丽的装饰为原则，给予旅客一个温馨、安静又比家庭更为华丽的舒适环境。装饰不宜繁琐，陈设也不宜过多，主要应着力于家具款式和织物的选择，因为它们是客房中不可缺少的主要的设备（图7-12）。

家具款式包括床、组合柜、桌椅，应采用同一种款式，形成统一风格，并与织物相协调。

织物在客房中运用很广，除地毯外，如窗帘、床罩、沙发布料、椅套、台布，甚至可包括以织物装饰的墙面。一般说来，在同一房间内织物的品种、花色不宜过多，但由于用途不同，材质也有差异，如沙发面料应较粗、耐磨，而窗帘宜较柔软，或有多层布置，因此，可以选择在视觉上对色彩花纹图案较为统一协调的材料。此外，对不同客房可采取色彩互换的办法，达到客房在统一中有变化的丰富效果。该客房为暖色调，变化时可采用冷色调，但形式、图案均不变。

客房的地面一般用地毯或嵌木地板。墙面、顶棚应选耐火、耐洗的墙纸或涂料。

客房卫生间的地面、墙面常用大理石或瓷砖贴面，地面应采取防滑措施。顶棚常用防潮的防火板吊顶。

带脸盆的梳妆台，一般用大理石，并在墙上嵌有一片玻璃镜面。

五金零件应以塑料、不锈钢材料为宜。

一般酒店均设有为旅客洗、烫衣服的业务，因此很少考虑晾晒衣服的问题。如带有阳台，选择适当的位置，主要不妨碍观瞻，可予以考虑，也会受到旅客的欢迎。许多豪华饭店均设有总统套房，其价格昂贵。这些套房均应予以特殊的装饰设计。

7.4 餐厅、宴会厅

旅店中的餐厅，一般分为宴会厅、中（西）餐厅、

图7-12 华丽而又温馨的客房软装饰

雅座包厢，餐厅的服务内容，除正餐外，还增设早茶、晚茶、小吃、自助餐等项目。某些宾馆餐厅内还设有钢琴、小型乐队、歌舞表演台，以供顾客在用餐时欣赏。

宴会厅与一般餐厅不同，常分宾主，执礼仪，重布置，造气氛，一切有序进行。因此室内空间常作成对称规则的格局，有利于布置和装潢陈设，造成庄严隆重的气氛，宴会厅应该考虑在宴会前陆续来客聚集、交往、休息和逗留的足够活动空间。

餐厅或宴会厅都常为节日庆典活动或婚丧、宴席的需要由单位或个人包用，设计时应考虑举行仪式和宾主席位的安排的需要。面积较大的餐厅或各个餐厅之间常利用灵活隔断，可开可闭，以适应不同的要求，常名为多功能厅，可举行各种规模的宴会、冷餐会、国际会议、时装表演、商品展览、音乐会、舞会等各种活动。因此，在设计和装修时考虑的因素要多一些，如舞台、音响、活动展板的设置，主席台、观众席位布置，以及相应的服务房间、休息室等。

在当今生活节奏加快、市场经济活跃、旅游业蓬勃发展的时期，餐饮的性质和内容也发生了极大的变化。它常是人际交往、感情交流、商贸洽谈、亲朋和家庭团聚的时刻和难得的机会，用餐时间比一般膳食延长不少，因此，人们不但希望有美味佳肴的享受，而且希望有相应的和谐、温馨的气氛和优雅宜人的环境（图7-13、图7-14）。

7.4.1 餐厅、宴会厅的设计原则

（1）餐厅的面积一般以每座$1.85m^2$/计算，指标过小，会造成拥挤，指标过宽，易增加工作人员的劳作活动时间和精力。

（2）顾客就餐活动路线和供应路线应避免交叉。送饭菜和收碗碟出入也宜分开。

（3）中、西餐室或不同地区的餐室应用相应的装饰风格。

（4）应有足够的绿化布置空间，尽可能利用绿化分隔空间，空间大小应多样化，并有利于保持不同餐区、餐位之间的不受干

图7-13 酒店宴会厅（多功能厅）

图7-14 酒店餐厅装饰设计

扰和私密性。

（5）室内色彩，应明净、典雅，使人处于从容不迫，舒适宁静的状态和欢快的心境，以增进食欲，并为餐饮创造良好的环境。

（6）选择耐污、耐磨、防滑和易于清洁的材料。

（7）室内空间应有宜人的尺度，良好通风、采光，并考虑吸声的要求。

7.4.2 自助餐厅

自助餐厅设有自助服务台，集中布置盘碟餐具，并以从陈列台上选取冷食，再从浅锅和油煎盘中选取热食的次序进行。

在一个区域，准备沙拉、三明治、糕饼等冷的甜食和饮料、水果，主餐厅应大到足以应付高峰时用餐的要求，较大的自助餐厅应更好地把食物和饮料分开，以避免那些只需要一点小吃和饮料而不要主食的顾客因排长队而不满。服务台应避免设计成长排，应在高峰时期能提高工作效率和快速周转。

自助餐厅的厨房，要提供更多不同种类的食品，应仔细考虑从储藏、配制和烹调，至备餐的工作流程。

7.4.3 酒吧、休息厅

一般饭店均有供应酒水、咖啡等饮料，为旅客提供宜人的休息、消遣、交谈的场所，酒吧常独立设置或在餐厅、休息厅等处设立吧台，规模较大的酒吧设有舞池、乐团等设置（图7-15、图7-16）。

7.4.4 餐厅的家具布置

餐桌的就餐人数应多样化，如二人桌、四人桌、六人桌、八人桌……

餐桌和通道的布置的数据如下：

（1）服务走道　　900 mm

　　　通路　　　250 mm

（2）桌子最小宽　700 mm

（3）四人用方桌最小为　900 mm×900 mm

（4）四人用长方桌为　1200 mm×750 mm

（5）六人用长方桌（四人面对面坐，每边坐两人，两端各坐一人）1500 mm×750 mm

六人用长方桌（六人面对面坐，每边坐三人）1800mm×750mm

（6）八人用长方桌（六人面对面坐，每边坐三

人，两端各坐一人）　2300mm×750mm

八人用长方桌（八人面对面坐，每边坐四人）2400mm×750mm

宴会用桌椅：

桌宽660 mm，长1140～1220 mm

圆桌最小直径　一人桌　750 mm

　　　　　　　二人桌　850 mm

　　　　　　　四人桌　1050 mm

　　　　　　　六人桌　1200 mm

　　　　　　　八人桌　1500 mm

餐桌高720 mm，桌底下净空为600 mm

餐椅高440～450 mm

固定桌和装在地面的转椅桌高750 mm，椅高450 mm

酒吧固定凳高750 mm，吧台高1050 mm（靠服务台一边高为900 mm）

搁脚板高250 mm

餐桌布置应考虑布桌的形式美和中、西方的不同习惯，如中餐常按桌们多少采取品字形、梅花形、方形、菱形、六角形等形式，西餐常采取长方形、"T"形、"U"形、"E"形、"口"字形、课室形等。自助餐的食品台，常采用"V"形、"S"形、"C"形和椭圆形。

7.5 舞厅、卡拉OK厅、KTV包房

舞厅的主要设备有舞池、演奏乐台、休息座、声光控制室等。常以举行交谊舞、迪斯科舞等群众性娱乐活动为主。国际标准舞有一套完整的步法和动作，具有表演性质，需要有较宽的活动场地。舞厅内有时也举行一些歌唱、乐器演奏和舞蹈等表演，因此也称歌舞厅，其舞台应略大一些。舞厅布置一般把休息座围绕舞池周围布置，舞池地面可略低于休息座区，这样，有明确的界限，互不干扰。地面也可按不同需要铺设。舞池地面常用材料有花岗石、水磨石打蜡嵌木地板，也有用镭射玻璃的。休息座可采用木地面或铺设地毯（图7-17）。

舞厅一般照明只需要较低的照度，舞厅灯光常采用舞厅的专用照明灯具设备，以配合音乐旋律的光色闪烁变幻。

卡拉OK厅以视听为主，一般也设有舞台和视听设备以及桌椅散座，规模较大的卡拉OK厅常与餐饮设施

图7-15 酒店酒吧间

图7-16 酒店休息厅

相结合。

KTV包房专为家庭或少数亲朋好友自唱自娱之用。设有视听设备、电脑点歌以及沙发、茶几等。一般采用以织物为主的装饰材料。

娱乐场所一般均备有酒水、点心、水果等供应，设计时可根据具体情况予以考虑。

图7-17 酒店舞厅装饰

7.6 保龄球场

保龄球也称地滚球，是一项适合于不同年龄、性别的集娱乐、竞技、健身于一体的室内体育活动。它起源于德国，流行于欧美、大洋洲和亚洲一些国家。20世纪20年代传入我国上海、天津、北京等地，目前许多大中城市均设有保龄球场，并日趋普及（图7-18）。

现代化的保龄球设备由以下部分组成：

（1）自动化机械系统，由程序控制箱控制的扫瓶、送瓶、竖瓶、夹瓶、升球、回球……

（2）球道，长1915.63cm，宽104.2～106.6cm。助跑道，长457.2cm，宽152.2～152.9cm。

（3）记分台，由电脑记分系统、双人座位、投影装置、球员座位等组成。

保龄球场很少采用自然采光通风，球道两侧墙一般也不开窗，这样可以避免室外噪声的干扰和灰尘侵袭污染，同时也降低了热损失和空调负荷。

墙面应是防潮、隔热的，内墙面可以用木或塑料装修，为了安全保障和减少维修，应尽量减少使用平板玻璃的面积。

使用间接照明用的隔断，可以采用半透明的材料（如有机玻璃）替代。

球道地面，在发球区和竖瓶区，可用加拿大枫木板条拼接，其余可用松木板条。其他区域的地面装修，在材质和色彩上，应能和墙面互相衬托，并使地面产生华贵的感觉。因为从入口进入场内，地面常起到第一印象的作用。常用乙烯基石棉板、地毯、水磨石、缸砖、陶瓷砖，也可使用有图案的乙烯基防火板，因为它们不易留脚印和其他印迹。产品应是新的和同一批生产的，并应适当保留一部分作为日后修补和更换。地毯应用打环扣住，并用高质尼龙与黄麻或高密江泡沫制作。地毯应用宽幅织布机织成，或缝接或胶接。地毯的重量和质量决定于表面的纱线结构，地毯一般也用于馆里柜台边沿、过道。

保龄球场的顶棚的形式，最理想的是净跨（整跨）屋架顺着球道长向布置，比沿宽度布置佳。因为这样可以使将来继续发展时较易处理。在纵向，柱子愈少愈好。柱子离犯规线至少应有60.96cm，并应保持491.01cm的空地，顶棚的形式塑造成有助于对声音的控制并能隐蔽光源，将所有光源布置得使运动员看不到，在顶棚内应设天桥，以便维修顶棚和屋顶及更换受潮电器。

图7-18 保龄球场

图7-19　酒店桑拿浴室设计

7.7 酒店照明和色彩

7.7.1酒店照明

酒店照明按不同情况，可分为三种类型：

1、实用照明，用于厨房、洗衣房、车库、办公室等；

2、特殊的效果照明，用于各类不同功能的房间；

3、纯粹为装饰的照明（图7-20）。

（1）入口休息厅

应创造使人愉悦和吸引人的照明效果，以较高的照度在有高光照明或自然光的入口和门厅之间，创造柔和的过渡（图7-21）。

（2）门厅

门厅是旅客看到旅馆室内的第一个部分，它应显示愉快、殷勤好客的气氛，照明应与建筑装饰艺术相结合（图7-22）。不少饭店采用下列各种一般照明方式：

①间接型照明的轻便灯（顶棚必须为白色或较浅色调）；

②间接型悬挂式照明灯具，从顶棚上挂下来；

③均匀明亮的透明塑料板或玻璃镶板做成的发光顶棚（有时覆盖整个顶棚或墙面）；

④直接、间接型悬挂泛光灯；

⑤暗灯槽照明和下射照明。

台灯一般用于旅客阅读的局部照明。

（3）前台

前台是旅客进入门厅后寻找的第一个地方，因此有较高的照度是必需的，常采用办公型的照明设备，悬挂式或嵌入式也是常用的。

（4）休息厅

应有愉快轻松的气氛，照明的表面应有优美的式样和吸引人的色彩，简单的方法是采用具有间接型照明的下射轻便灯具。

（5）走道

走道照明应使旅客较容易地、迅速地看清房门号和找到门上的锁眼，在顶棚板上装设连续的或分段的荧光灯和半间接型白炽灯具是常用的。在布置灯具时，应避免由于走道中常出现的横梁而产生阴影；并应按规范要求设置应急照明（图7-23）。

（6）餐厅

餐厅的一般照明，应足以使旅客能看清菜单。照明系统中的灵活性，是希望提供不同照度的照明，并在色彩和性质上与餐厅的装饰体系相一致。使墙面形成统一的高亮度，是有利的。下射照明和暗灯槽照明比较常用。有时也常用小台灯，偶尔也用蜡烛或采用高照度的照明。

（7）楼梯间照明

楼梯间照明，安全是最重要的，并常与实用和装饰相结合，应起到标志作用，宜采用高照度的照明

（图7-24）。

（8）客房照明

多数情况客户将客房用于小型的商贸洽谈和接待之用，这是酒店客房区别于家庭之处，因此照明应服务于许多功能。客房照明还应结合装修进行特定的制作，它应包括一般照明（如采用窗帘掩蔽的荧光灯照明，决定于房间的大小，可附加凹槽口的间接照明），以及床头灯和桌子、沙发等处的局部照明。

床头灯因为阅读须有足够的亮度，并应不影响室内的其他人，因此不推荐用床边的台灯进行床头阅读。装在墙上的床头灯应有足够的高度，使坐在床上的人，头上有足够的空间。为梳妆台或墙上镜子的照明，最好采用有扩散作用的乳白色玻璃，隐蔽起来的荧光灯，装于镜子上面或两侧。

浴室内的总体照明，常与镜子的照明相结合，镜子照明的安装应朝向照亮人的脸部，而不是去照亮镜子，一般可用1~2支40W或65W荧光灯。

图7-20 酒店外部环境景观照明

图7-21　酒店入口大厅灯光表现

图7-22　酒店门厅照明

7.7.2色彩

决定酒店的色彩的因素很多，大致可以分为下列几点：

（1）环境

酒店所处的环境不同，色彩也有不同的考虑，如位于闹市区、郊区、风景区、海滨、山地、园林……不但建筑造型应与周围环境的相配合，还应考虑与内外空间的色彩相协调，做到适得其所。比如，在大都市闹市区，一般酒店均希望装饰得富丽堂皇，以反映都市形象，甚至互相攀比，祈求一家胜过一家，因此常搞得变成材料堆积，五花八门，但实际效果并不理想。如果在闹市中把酒店变成"一块绿洲"、"一方净土"，可能效果更为好些。应在平淡中显高贵，静中有动，才是真正色彩的效果。处于风景区的酒店，一般都主张淡化建筑色彩，不与景色争高低，而使旅客能专心于对自然风光的欣赏。色彩是为人服务的，不要用色彩去干扰他们的活动，这是用色的基本原则（图7-25）。

（2）气候

不同地区由于气候原因，如寒带、热带、亚热带等，一般都希望有相应的色彩空间环境与之相配合，以便在心理上取得平衡。南北方在用色上，有传统的习惯和明显的差别，这是不言而喻的。

（3）民族和地方色彩

各民族、地区在历史上长期形成的习俗、观念也反映在色彩上，当地所用建筑材料包括石、砖、木、竹、藤以及织物、工艺品等室内装饰材料，所形成的色彩效果往往富有地方特色，应该予以充分的认识，这是体现地域性的重要方面。我国是一个多民族国

图7-23 酒店走道照明

图7-24 酒店楼梯间照明

图7-25 色彩适宜、优雅大方的酒店环境

家，传统色彩十分丰富，应该在建筑内外空间上充分地显示出来（图7-26）。

（4）反映不同的旅客的心理要求

每座酒店都有它的客源，和经常的服务对象，应该研究他们住店的特殊要求和希望，并从色彩的角度去满足他们的要求。

（5）色彩应符合人的视觉规律

色彩对人的心理、生理影响和重要性已被实验所证实。不同的生物和活动内容，对色彩有不同的要求，如居住、睡眠、餐饮、娱乐、休息等等，都应有相应的色彩环境。但从整体上讲，一个酒店在色彩上应有明确的主导色彩，局部应服从整体要求，并在此基础上适当变化色彩的明度与彩度，或者采用其他方法，如通过布置陈设品、绿植花卉来点缀以弥补某些色彩的不足。

图7-26 少数民族地区酒店装饰的民族特色

（6）反映酒店的个性

　　每个酒店都应具有自己的特色，方能吸引旅客。西方有些以娱乐为主的饭店，它的设计主导思想不是要求"宾至如归"像回到家里一样，而恰恰相反，要让旅客感受到生活在和家里完全不同的另一个世界里，产生梦幻般的新奇感，乐而不返。这种带有浓厚商业性质的思想虽不足效仿，但是关怀旅客对变化了的生活发生兴趣，应当说是有一定道理的，只有全心全意为旅客着想，酒店的新的构思和个性特色，是完全可以通过色彩去充分表现出来的（图7-27）。

图7-27　充满个性的酒店特色

第8章　商业建筑室内设计

商业建筑及其室内外设计与装饰，是城市公共建筑中量最大、面最广，涉及千家万户居民日常生活的建筑类型，它从一个重要的侧面反映城市的物质经济生活精神文化风貌，是城市社会经济窗口。消费者根据自己的需求和意愿，在适应不同购物行为的各类商业建筑中浏览、审视和选购商品，达到购物的目的。

顾客购物行为的心理活动过程，是设计者和经营者必须了解的基本内容，通过认真分析后考虑设计与经营的对策。顾客购物行为的心理活动过程，从接受刺激物的外界信息开始，可分为下列六个阶段的三个过程：如图8-1表示的顾客购物行为的心理活动过程。

根据顾客购物的行为心理过程，设计者可以在顾客认知、情绪、意志等三个心理活动的过程中，从室内外环境设计的整体构思到装饰设计细部处理手法，

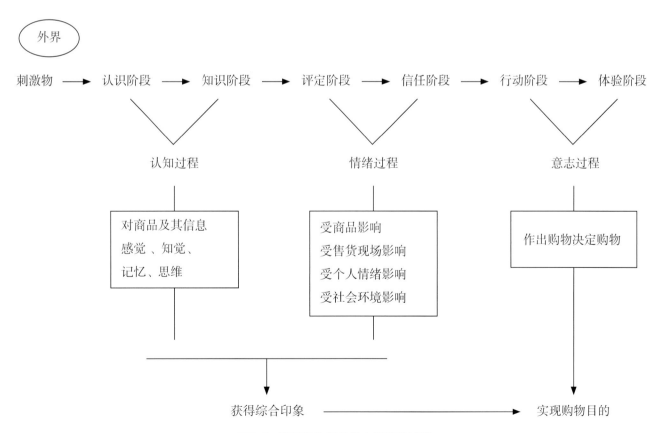

图8-1　顾客购物行为的心理活动过程

进而激发顾客的购买欲望。

消费者有的有明确的购物目的，有的有明确的商店目标，也有无目的的逛街，然后是寻找或随机获得信息，于是有可能被商品吸引产生兴趣，进行审视和挑选，最终有两种情况：即产生信赖，作出决策，购物成功；也可能进行挑选后由于外观款式、色彩、质量、价格等种种因素未能购物。

作为设计者经营的对策，应相应地考虑商店选址状况，消费者是否乐于前往，环境、人气氛围如何以及商店具有特色的形体，醒目的店名招牌，引人入胜的店面与具有吸引力的橱窗，富有招揽性的室外照明与广告，宽敞方便的商店入口等等（图8-2）。

作为商店室内设计，最主要的是进入营业厅内应有合理愉悦的铺面布置，激发购物欲望和方便购物的室内环境，良好的声、光、热、通风等物理环境和布置得当的视觉展示引导等。

由于人们购物观念和行为的变化，购物已成为最佳的消遣之一，购物同时，可能有休闲小憩、餐饮、文化娱乐等多种活动。商业建筑的性质，也日益显示

更加具有文化的内涵。

为满足消费者不同的购物要求和目的，商业建筑通常有：百货商店、自选商场或超市、综合型购物中心等不同经营性质和规模的各类商店（图8-3）。

商业建筑的主要组成部分包括营业厅、办公室、库房及一些设备等附属用房，从室内设计和建筑装修的角度，我们将重点叙述营业厅及店面与橱窗设计等内容。

8.1 营业厅

营业厅是商业建筑中的核心与主体空间，是顾客进行购物活动、对商店留下环境整体印象的主要场所。应根据商店的经营性质、营业特点、商店的规模和标准，以及地区经济状况和环境等因素，在建筑设计时确定营业厅的面积、层高、柱网布置、主要出入口位置以及楼梯、电梯、自动梯等垂直交通的位置。

8.1.1 设计要求

（1）营业厅的室内设计应有利于商品的展示陈

图8-2 引人入胜的商业中心外环境装饰　　**图8-3 综合型购物中心的室内设计**

图8-4　几种不同商品营业厅的设计格调

列，有利于商品的促销，为营业员的销售服务带来方便，最终是为顾客创造一个舒适、愉悦的购物环境。

（2）营业厅应根据商店的经营性质、商品的特点和档次、顾客的构成、商店形体外观以至地区环境等因素，来确定室内设计总的风格和格调（图8-4）。

（3）营业厅的室内设计总体上应突出商品，激发购物欲望，即商品是"主角"，室内设计和建筑装饰的手法应是衬托商品，从某种意义上讲，营业厅的室内环境应是商品的"背景"。

（4）营业厅内应使顾客动线流畅，营业员服务方便，防火分区明确，通道、出入口通畅，并均应符合安全疏散的规范要求。

从商业建筑室内设计的整体质量考虑，美国商店规划设计师协会（ISP）提出了对商店室内设计评价的五项标准，可供借鉴，即：

商店规划——铺面规划、经营及经济效益分析，客源客流分析等；

视觉推销功能——以企业形象系统设计（CIS）、视觉设计（VI）等手段促进商品推销；

照明设计——商店所选照明光源、照度、色温、显色指数、灯具造型等；

造型艺术——商店整体艺术风格，店面、橱窗、室内各界面、道具、标识等的造型设计；

创新意识——整体设计中所具有的创新。

8.1.2 经营方式与柜面布置

营业厅的柜面布置，即售货柜台、展示货架等的布置，是由商店销售商品的特点和经营方式所确定的，商店经营方式通常有：

闭架——适宜销售高档贵重商品或不宜由顾客直接选取的商品，如首饰、药品等。

开架——适宜于销售挑选性强，除视觉审视外，尚对商品质地有手感要求的商品如：服装、鞋帽等。由于商品与顾客的近距离直接接触，通常会有利于促销，因此近年来，许多商店经营中常采用开架方式，自选商场商品全部为开架。

半开架——商品开架展示，但进入该商品展示的区域却是设置入口的；

洽谈——某些高层次的商店，由于商品性能特点或氛围的需要，顾客在购物时与营业员能较详细地进行商谈、咨询，采用可就座洽谈的经营方式，体现高雅、和谐的氛围，如销售家具、电脑、高级工艺品、首饰等。

除小型或专业商店外，营业厅内根据经营商品的特点，通常采用组合上述几种不同经营方式的布置。售货商品及开票等活动所用货架通常靠墙或相背而立，或根据平面布局予以组合。这些设施的尺度以及它们之间间距位置的确定，都取决于顾客和营业员的人体尺度、动作域、视觉的有效高度以及营业员和顾客之间的最佳距离（表8-1）。销售现场设施除柜台、货架之外，还有收款台、新款商品陈列展示台、问讯、兑币等服务性柜台等。上述营业厅中的各项设施的用色、用材、造型格调也应有整体的、形式系列的设计。

柜面布置应使顾客流线畅通，便于浏览、选购商品，柜台和货架的设置使营业员操作服务时方便省力，并能充分发挥柜、架等设施的利用率。

商店根据自身的经营性质和规模，常把不同类别的商品分成若干柜组，如百货商店中的化妆品、文化用品、家电电器、食品、服装、鞋帽、五金交电等等。

商品柜组营业厅中的具体位置，需要综合考虑商店的经营特色、商品的挑选性和视觉感受效果、商品的体积与重量以及季节性等多种因素。例如许多商店常把化妆品柜布置于近入口处，以取得良好的铺面视觉效果，把顾客经常浏览、易于随机激发购买欲的一些商品置于底层，而把有目的的购置的商品柜组置于楼层，较重和体积较大的商品常置于地下室商场。

现代商业建筑的营业厅，通常把柜、架、展示台及一切商品陈列、陈设用品统称为"道具"。商店的营业厅以道具的有序排列、道具造型、色彩的设计来烘托和营造购物环境，引导顾客购物消费。

8.1.3 动线组织与视觉引导

营业厅内平面布局的面积分配，除楼梯、自动梯、收款台、展示台等所占的面积外，主要由两部分组成，即：柜架及其近旁营业员操作、接待活动所占面积（闭架经营时为柜、架所占面积及柜内营业员活动面积；开架经营时营业员操作活动面积与顾客选购活动面积有重叠）；顾客通行、停留以及浏览、选购商品时的通行活动所占面积。

（1）动线组织

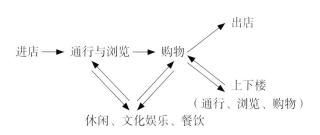

图8-5商场动线组织图

商店常用柜台、货架的基本尺寸（mm）　　　　　表8-1

项目		高度	深度	长度
货柜	一般百货	900～1000	600	2000
	眼　镜	800	600	1500
	棉　布	950	900	2000
高货架	一般百货	2100	400	2000
	收音机、电信零件	2100	400	1200
	唱　片	2100	400	1000
	皮　鞋	2100	500	1500
	棉　布	2400	500	1500
低货架	棉　布	1100～1400	400	1200

顾客通行和购物动线的组织，对营业厅的整体布局、商品展示、视觉感受、通达安全等都极为重要，顾客动线组织应着重考虑：

①商店出入口的位置、数量和宽度以及通道和楼梯的数量和宽度，首先均应满足防火安全疏散的要求（如根据建筑物的耐火等级，每100人疏散宽度按0.65～1.00m计算），出入口与垂直交通之间的相互位置和联系流线，对客流的动线组织起决定作用。

②通道在满足防火安全疏散的前提下，还应根据客流量及柜面布置方式确定最小宽度（表8-2），较大型的营业厅应区分主、次通道，通道与出入口、楼梯、电梯、及自动梯连接处，应适当留有面积，以利顾客的停留、周转。

③通畅地浏览及到达拟选购的商品柜，尽可能避免单向折返与死角，并能迅速安全地进出和疏散。

④顾客动线通过的通道与人流交汇停留处，从通行过程和稍事停顿的活动特点考虑，应细致筹措商品展示、信息传递的最佳展示布置方案。

⑤许多超市均设有顾客自助存物柜或物件寄存处，顾客先把自己带来的物品存放后再进入购物场所，购物毕，结账后走出购物场所，再取回存放的物品。许多超市出入口距离很长，物品寄存处布置不当，存取物品来回走动，费时费力，也易造成混乱，因此，超市的出入口和物品寄存处三者位置关系十分重要，在组织动线时应予注意。

（2）视觉=引导

从顾客进入营业厅的第一印象开始，设计者需要从顾客动线的进行进程、停留、转折等处，考虑视觉引导，并从视觉构图中心选择最佳景点，设置商品展示台、陈列柜或商品信息标牌等。

商店营业厅内视觉引导的方法与目的的主要为：

①通过柜架、展示设施等的空间划分，作为视觉引导的手段，引导顾客动线方向并使顾客视线注视商品的重点展示台与陈列处。

②通过营业厅地面、顶棚、墙面等各界面的材质、线型、色彩、图案的配置，引导顾客的视线。

③采用系列照明灯具、光色的不同色温、光带标志等设施手段，进行视觉引导。

④视觉引导运用的空间划分、界面处理、设施布置等手段的目的，最终是烘托和突出商品，创造良好的购物环境，即通过上述各种手段，引导顾客的视线，使之注视相应的商品及展示路线与信息，以诱导和激发顾客的购物意愿。

8.1.4 营业空间组织与界面处理

（1）空间组织

商店营业厅的空间组织，涉及营业厅层高的高低、承重墙之间和柱网之间间距的宽窄，以及中庭的设置等等，是在建筑结构设计的确定的。室内设计时对商业空间的再创造和二次划分，则是通过顶棚的吊置、货架、陈列橱、展台等道具的分隔而形成，也可以以隔断、休息椅、绿化等手段进行空间组织与划分（图8-6）。

在营业空间中，也常以局部地面升高（以可拆卸拼装的金属架、地板面组成）或以几组灯具形成特定范围的照明等方式构成商品展示的虚拟空间。

（2）界面处理

商店营业厅地面、墙面和顶棚的界面处理，从整体考虑仍需注意烘托氛围，突出商品，形成良好的购物环境。

地面——商店营业厅的地面应考虑防滑、耐磨、

营业厅内通道最小净宽　　　表8-2

通道位置		最小净宽(m)
仅一侧有柜台		2.20
两侧均有柜台	柜台长度均为7.50m	2.20
	柜台长度均为7.50～15.0m	3.70
	柜台长度均大于15.0m	4.00

图8-6　商场营业厅空间组织设计

易清洁等要求，近入口及自动梯、楼梯处，以及厅内顾客的主通道地面，如营业厅面积较大时，可作单独划分或局部饰以纹样处理，以起到引导人流的作用，对地面选材的耐磨要求也更高一些，常以同质地砖或花岗石等地面材料铺砌。商品展示部分除大型商场中专卖型的"屋中屋"等地面，可以按该专门营业范围设置外，其余的展示地面应考虑展示商品范围的调整的变化，地面用材边界"模糊"一些，从而给日后商品展示与经营布置的变化留有余地。专卖型"屋中屋"的地面可用地砖、木地板或地毯等材料，一般商品展示地面常用预制水磨石、地砖大理石等材料，且不同材质的地面上部应平整，处于同一标高，使顾客走动时不致绊倒（图8-7）。

墙、柱面——由于商店营业厅中的墙面基本上给货架、展柜等道具遮挡，因此墙面一般只需用乳胶漆等涂料涂刷或喷涂处理即可，但营业厅独立柱面往往在顾客的最佳视觉范围内，因此柱面通常需进行一定的装饰处理，例如可用木装修或贴以面砖及大理石等方式处理，根据室内的整体风格，有时柱头还需要作一定的花饰处理。

顶棚——营业厅的顶棚，除入口、中庭等处结合厅内设计风格，可作一定的花饰造型处理外，在商业建筑营业空间的设计整体构思中，顶棚仍以简洁为宜。大型商场自出入口至垂交通处（自动梯、楼梯等）的主通道位置相对较为固定，顶棚在主通道上部的部位，也可在造型、照明等方面作适当呼应处理，使顾

图8-7 商场地面装饰效果

客在厅内通行时更具方向感（图8-8）。

现代商业建筑的顶棚，是通风、消防、照明、音响、监视等设施覆盖面层，因此顶棚的高度、吊顶的造型都和顶棚上部这些设施的布置密切相关，嵌入式灯具、出风口等的位置，都将直接与平顶的连接及吊筋的构造等有关。由于商场有较高的防火要求，顶棚常采用轻钢龙骨、水泥石膏板、矿棉板、金属穿孔、金属穿孔板等材料，为便于顶棚上部管线设施的检修与管理，商场顶棚也可采用立式、井格式金属格片的半开敞式构造。

8.2 店面与橱窗

店面设计，是以店面的造型、色彩、灯光用材等手段，展示商店的经营性质和功能特点。店面设计也应具有个性和新颖感，以诱发人们的购物意愿。

8.2.1 店面设计的要求和措施

商店的店面设计和装饰，应满足下列要求，并考虑相应的措施：

（1）店面设计应从城市环境整体、商业街区景观的全局出发，以此作为设计构思的依据，并充分考虑地

图8-8　商业建筑顶棚的通风、消防、照明、音响、监视等设施覆盖面层和顶棚装饰

图8-9 店面设计与周边环境相得益彰

图8-10 综合商城的店面设计

区特色、历史文脉、商业文化等方面的要求（图8-9）。

（2）店面设计在反映商业建筑显示购物场所、具有招揽顾客的共性之处，对不同商店的商业特性和经营特色也应尽量在店面设计中有所体现。

例如外部造型相对封闭，立面用材精致高雅，以小面积高照度的橱窗的窄小的入口来体现珠宝首饰店商品的珍稀贵重。

又如立面外形通透明亮，以大面积落地玻璃橱窗展示新潮服饰，同时，透过橱窗呈现店内开架的各款衣着，显示服装专卖的个性（图8-10）。

（3）店面设计与装修应仔细了解建筑结构的基本构架，充分利用原有构架作为店面外装修的支承和连接依托，使店面外观造型与建筑结构整体有牢固的联系，外观造型在技术构成上合理可行。

店面外装修与房屋结构基本构架的依附连接关系，通常有两种做法：一种是在原有结构梁、柱、承重外墙上刷以外装饰涂料或贴以外装饰面材，基本保持原有构架的构成造型；另一种是把原有构架仅作为外装饰和支承依附点，店面装饰造型则可根据商店经营性、所需氛围较为灵活地设计，后者的店面装饰犹如在基本构架上"穿一件外衣"，为今后更新时仍留有余地，但须解决好构架与材料之连接的构造问题。

8.2.2 店面的造型设计

店面造型从商业建筑的性格来看，应具有识别与诱导的特征，既能与商业街或小区的环境整体相协调，又具有视觉外观上的个性，既能满足立面入口、橱窗、店招、照明等功能布局的合理要求，又在造型设计上具有商业化的建筑文脉的内涵。

店面的造型设计具体地需要从以下几方面来考虑：

（1）立面划分的比例尺度

商业立面雨篷上下、墙面与檐部等各部分的横向划分，或者是垂直窗、楼梯间、墙面之间竖向划分，都应注意划分后各部分之间的比例关系和相对尺度，有些部分虽然在建筑结构主体设计时已经确定，但是店面外装修设计时往往可以作一定的调整，入口、橱窗等与人体接近的部分还需要注意与人体的相应尺度关系。

（2）墙面与门窗的虚实对比

商店立面的墙面实体与入口、橱窗或玻璃幕墙之间的虚实对比，常能产生强烈的视觉效果。

（3）形体构成的光影效果

商店立面形体的凹凸，如挑檐、遮阳、雨篷等外凸物，均能在阳光下形成明显的光影效果，立面装饰凹凸的机理纹样，在阳光下也呈现具有韵律感的光影效果，给立面平添生机。

（4）色彩、材质的合理配置

商店立面的色彩常给人们留下深刻的印象。建筑外装修的色彩，除粉刷、涂料类及彩色面砖等，可根据需要选色外，一些常用材料及天然材质，常与选用材料的类别有关，例如水泥本色（7.5Y7/2）、白水泥（N9）、铝合金本色（N7）、清水砖（7.5R~2.5YR4~4.5/2~3）、柳桉木（5~10YR6~7/4~5）。同时色彩予人们的视觉印象，与不同的色彩及其各占份额的配置关系密切，结合商店销售商品的类别，巧妙地选择立面的色彩和材质，能起到很好的视觉效果，一些具有较大规模的专卖店、连锁店，常以特定的色彩与标志，给顾客传递明确的信息。

8.2.3 入口与橱窗

入口与橱窗是商业建筑立面设计与建设装饰的重点，是商店外观招揽和吸引顾客的主要设计内容。

（1）入口

商店立面入口设计应体现该商店的经营性质与规模，显示立面的个性和识别效果，入口设计以达到吸引顾客进入店内为目的。

入口设计常用的手法有：

①突出入口的空间处理

即在立面上强调与显示入口的作用，将入口沿立面的外墙水平方向后退，使入口外形成室内外空间过渡及引导人流的"灰空间"，或使与入口组合的相关轮廓造型沿垂直方向向上扩展，起到突出入口的作用。

②构图与造型立意的创新

通过对入口周围立面的装饰构图和艺术造型，也包括对门框、格栅的精心设计，从而创造具有个性和识别效果的商店入口。

③材质、色彩的精心配置

粗犷与精细的加工工艺，玻璃与金属、玻璃与石

图8-11　商场橱窗的"窗口"效应

图8-12　橱窗展示店内的经营特色

材的材质配置，以及黑与白、红与黄等的色彩配置，突出了商店的入口作为视觉中心的效果。

④入口与附属小品相结合

商店入口造型可以与雨篷、门廊相结合，也可以与雕饰小品连成一体，使店面具有个性。

（2）橱窗

橱窗是商业建筑形象的重要标志，商店通过橱窗展示商品，体现经营特色，橱窗又能起到室内外视觉环境沟通的"窗口"作用（图8-11）。

橱窗的尺度应根据建筑构架、商店经营性质与规模、商品陈列方式以及室外环境空间等因素确定。（图8-12）。

橱窗设计常用的手法有：

①外凸或内凹的空间变化

在商店立面前空间的允许的前提下，橱窗可向外凸，并可将橱窗塑成具有一定的形体特色。当商店的入口后退时，常可将橱窗连同入口一起内凹，这种适当让出空间"以退为进"手法，常能起到引导顾客进店的效果（图8-13、图8-14）。

②地下室或楼层连通展示

有地下室或楼层的商店，可以适当调整楼地板的位置，使一层商场的橱窗与地下室或与楼层的橱窗，从立面上连成整体，从而起到具有特色的商品展示的作用。

③封闭或敞开的内壁处理

根据商店对商品展示的需要，可以把橱窗后部的内壁做成封闭的，也可以后壁为敞开的或半敞开的。

④橱窗与标志及店面小品的结合

结合店面设计构思，橱窗可以与商店店面的标志文字和反映商店经营特色的小品相结合，以显示商店的个性。

图8-13　外凸的橱窗设计

图8-14　橱窗设计效果

8.2.4 招牌与广告

商店的招牌和广告具有最为直接地向顾客传递商店经营范围和商品特色信息的作用。招牌和广告设置的位置、尺度、造型等都需要从商店的形体和立面，以至街区的环境整体来考虑，招牌和广告要求具有醒目和愉悦的视觉效果，力求设计精心、造型精美、选材和加工制作精细，由于设置在室外，因此在耐候、抗风等方面也都有较高的要求（图8-15、图8-16）。

一个好的招牌或广告，往往在整体协调中又有个性，点明主题，易于识别，它们是商店外观的有机组成部分。

招牌和广告都需要认真研究人们在人行道上、在街上，或者在行驶中的车里的视觉感受，有时店名招牌需要在店面的房檐上部和入口、橱窗处分设，以适应人们从远处和近处以不同的视角、视距的观看要求。

商店的招牌和广告，根据连接和固定的构造方式，通常有下列几种：

悬挂——招牌或广告直接悬挂商店外墙面的或其他构件上；

出挑——招牌或广告从商店外墙面悬臂出挑；

附属固定——以招牌或广告的字体图案（或连同底板）直接固定在外墙、雨篷上或建筑物的檐部上端；

单独设置——招牌或广告以平面或立体的形式独立设置于商店前的地面或屋顶上。

8.2.5 店面装饰材料的选用

店面的装饰材料选用时，应注意所选材质必须具有耐晒、防潮防水、抗冻等耐候性能。由于城市大气污染等情况，店面装饰材料还需要有一定的耐酸碱的性能，例如大理石（主要成分$CaCO_3$）不耐酸，通常不宜作外装饰材料。店面装饰材料也要考虑易于施工和安装，如有更新要求则还应易于拆卸；外露或易于受雨水侵入部位的连接宜用不锈钢的连接件，不能使用铁接件，以免店面出现锈渍，影响整洁美观。

由于店面设计具有招揽顾客和显示特色、个性的要求，因此在装饰材料的选用上还需要从材料的色泽（色彩与光泽）、肌理（材质的纹理）和质感（粗糙与光滑、硬与软、轻与重等）等方面来审视，并考虑它们的相互搭配。目前常用的店面装饰材料有：各类陶瓷面砖、花岗石、片页岩等天然石材，经过耐候防火

处理的木材，铝合金或塑铝复合材料等。

镜面玻璃幕墙在装饰造型上具有特点，与金属面材等的恰当组合较能显示时代气息，但大面积玻璃幕墙（特别是隐框式），由于对连接、粘贴工艺与安装技术有极高的要求，一些构造在节能方面也还不够理想，大片镜面也可能对城市环境带来光污染等因素，因此对大面积镜面玻璃幕墙的选用，应综合分析建筑使用特点、城市环境、施工工艺、使用管理条件及造价等情况后予以谨慎对待。

8.3 商业建筑与照明

8.3.1 照明设计要适合购物心理

要营造愉快、舒适、方便的购物场所，重要的是使商店的构成和陈列相协调。不同的商品和不同的展示方式所要求的照度水平和分布，以及对色调、颜色的饱和度、颜色分布等的要求差别很大，需要采用不同的照明形式，控制方法和应用多元化的设计手段。例如，在商场顶棚光源的选择上，采用荧光灯和长寿命节能筒灯，以产生和谐的色彩视觉感；在光照方式上，用隐蔽的漫射灯槽，光带或用其他间接或半间接方式，尽量避免强烈刺激；在灯的布局上让商品信息尽快传递给购物者，则往往采用低灯位，有的用投光灯进行局部投光，好让顾客在购物环境中，既能愉悦和享受，又能激发购买商品的欲望（图8-17、图8-18）。

8.3.2 照明设计的作用

在激烈的商战中，业主们首先要求设计师在商业建筑的内外空间处理上下工夫，以展示自身的风采，强调自身的个性，建筑师们处心积虑地构筑着一个艺术体，而照明设计师则在渲染、突出和表现建筑的艺术个性上起着独特的作用。

此外，通过精心设计，结合商品特点和建筑处理，利用多种电光源和照明设备，采取分区一般照明辅以重点投光的照明方式，能够为商店创造明亮舒适、愉悦宜人的购物光环境和对顾客有强烈的吸引力的商业气氛（图8-19）。

8.3.3 商业照明的分类和方法
（1）商业照明的分类

商业照明基本上是由一般照明、重点照明和装饰

图8-15　商业建筑的招牌和广告

图8-16　现代商业建筑的LED电子显示屏

图8-17　采用间接或半间接方式的商场照明

图8-18　用射灯或投光灯对商品进行照明

图8-19　富有特色的商场灯光环境

照明三部分构成，三部分的构成比例要适当而且要统筹兼顾，相互配合，就能获得良好的照明效果。

①一般照明。商业空间的一般照明气氛对顾客的心理有相当的影响，应按各种商店的营业状态、商品的内容、所在地区的条件、商店的构成、陈列的方式等等来考虑，其照明要和重点的照明有一适当的比例，在店内要营造一定的风格，不但要考虑水平照度，对垂直照度也要考虑（如图8-20）。

一般照明是属无方向性的照明，当店内商品设备统一、易于维修，一般照明对商品设置密度大的营业厅有均匀的照度，店内几乎一样明亮，容易产生平淡感。

②重点照明。为了打破一般照明的平淡感，以增强顾客的购买欲望而设置的重点照明是将重点和展示品重点表现出来，达到提高顾客的注意力的目的，照度是随商品的种类、形状、大小、展出方式而定，必须有和店内一般照明相平衡的良好照度，在选择光源及照明方式时，要充分考虑商品立体感，光泽和色彩

等状况。例如首饰区，通常在一般照明的基础上，须作为重点照明区处理，顶棚采用荧光灯或筒灯作为一般照明，柜台上方的大量射灯以及柜台内的荧光灯和射灯，牛眼灯等把首饰照得绚丽夺目，惹人喜爱（图8-21）。女装区，用射灯与一般照明的组合，增加了垂直照度，突出了服装的立体效果（如图8-22）。汽车展示区，用两种不同光色的高强度气体放电灯，产生良好的混光效果。再加上适当的射灯照在车上，就更加突出了商品的形象。重点照明的照度，通常要比一般照明的照度高出3~5倍，有的甚至20~30倍，才能做到突出商品形象，要以高亮度的重点照明，突出商品的表面光泽和以强烈的方向来突出商品的立体感和质感，还可以利用色光来突出商品的某些部位（图8-23）。

③装饰照明。这是一种突出美学概念，以其整体形象，独特的气氛来塑造空间的环境照明。

装饰照明的照度不宜过高，并应与一般照明和重点

图8-20　商场的一般照明方式

图8-21　绚丽夺目的珠宝首饰灯光

图8-22　服装区域的垂直照明

图8-23　采用重点照明使商品形象更加突出

照明相协调。同时与装饰设计及其经营品种和方式相配合。灯具可以采用装饰性强的花灯、柱灯、支架灯、线装灯、彩灯、霓虹灯和反射式灯具等，特别可以采用色彩变化多端的LED灯光表现（图8-24）。

通常在大型商场的路经汇合处、门厅、自动的扶梯附近和货场中心等处的顶板做藻井，进行装饰布灯，营业厅的吊顶可做出各种图案或用大花灯装饰。

（2）商业照明设计技巧

①商品种类不同的照明要求

对低选择性商品的照明目的仅限于对商品的良好评价，照明方式多采用一般照明，只要求有较高的照明均匀度，减少眩光即可，使用荧光灯和节能灯等运行费用较低的照明。

对高选择性商品，要在一般照明的基础上，以点射灯、导轨灯等辅以重点照明和装饰照明，加强对商品的展示效果（如图8-25）。

②商业照明设计要点

1）引人注目的照明。主要表现在有特色的店面照明和橱窗照明、标志照明等。照明应把商品或展出的意图有效地引人注目。

2）引人入胜的照明。这是吸引顾客进入的特效照明。

3）店内照明环境。必须运用照明美学概念，使店内环境充满艺术性（图8-26）。

③商店各部分的照度分配

1）商店店头。店头照明是吸引顾客兴趣的重要环节，好的店头照明设计首先给人们一种心情舒畅的感觉。但应注意店头的亮度应是店内亮度的1~2倍，不能

图8-24　用LED灯光渲染的商场环境

图8-25　以点射灯表现的商品展示效果

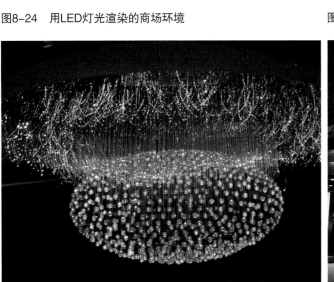

图8-26　引人入胜的特效照明

图8-27　商场店头照明设计

太亮，否则会使店内照明产生相反的效果（图8-27）。

2）橱窗。在繁华的商业区，商店鳞次栉比，要想在众多商店中有强大的竞争力，在靠产品质量、价格广告、商店信誉的同时，橱窗照明会起到举足轻重的作用。

橱窗照度一般是店内照度2~4倍，橱窗照明在白天应防止橱窗产生镜面反射现象，可采用下光上照的方法，展览的商品通过平坦型光照明，重点部位采用聚光照明，灯具及其色彩都应与商品协调（图8-28）。

3）陈列架。陈列架的照度是店内照度1.5~2倍，用聚光灯照明可强调商品的特点，内部正面照度是店内照度2~3倍，光线不能直接照到顾客的眼睛。

4）展览柜。展柜的照度是商店照度的1.2~2倍，小型商品展柜照度是商店照度的3~4倍。

在展柜角给商品照明为柜角灯照明，但要注意调整灯光的角度。

高展柜不仅需要基本照明，还可采用聚光灯或吊灯等以弥补光的不足。

柜内照明应做散热处理，采用自然换气或采用排气扇。

8.3.4 商业照明的电气安全

商业建筑照明的电气安全工作主要应注意其电气短路，接地故障和电气连接不良等因素。

（1）电气短路

电气短路是建筑照明中引起火灾的主要原因之一。电气短路有金属短路和电弧性短路两种，金属性短路的短路点阻抗可忽略不计，短路电流极大，回路首端的过流保护器（短路器、熔断器）能有效切断短路，防止火灾的发生。但如果保护设计安装不当，用

图8-28　橱窗照明

电管理不善，使保护失效，则四路导体被短路大电流烧成炽热，其高温可烤燃近旁可燃物起火，线路聚氯乙烯绝缘也可自燃，使线路成为起火源。

短路点如因建筑电弧或送发出电火花称为电弧性短路，其短路特点阻抗甚大，限制了短路电流，使过流保护不能动作或不能及时动作，而电弧、电火花的局部温度则高达上千度，容易引起火灾，短路起火以这类形式为多。为防止短路起火，除妥善设置和维护四路保护电器外，商业照明应特别注意清除导致短路发生的隐患，即防止电气绝缘受到机械损伤和避免一些使绝缘水平下降的不利影响，在易受碰压处，电线应加套管或线槽作为保护。

高温、日照、水泡、腐蚀等是使电气绝缘水平下降的影响因素。如聚氯乙烯绝缘电缆在工作温度不大于70℃时，其寿命将减退，所以照明线要尽量避开灶台、暖气管道、空调设备等热源，线路电流过大，使绝缘工作温度超过允许值，被称作过载，它同样也能使绝缘下降进而引起火灾，只是热源来自电路本身而已。

商业建筑照明常用气体放电灯作光源，这种气体放电是奇次谐波的发生源，奇次谐波电流不是相互抵消而是叠加，因此即使三相负荷均衡，中性线上的电流几乎与相线电流相等，在电气设计中经常将中性线截面取为相线截面的1/2或1/3，而回路的过程保护则按相线的截面设计，这就给商场和类似场所的照明线路留下火灾隐患，因此，在照明设计时应多加注意。

镇流器的内部短路，也是引起火灾的原因之一，对于这种容易产生高温的照明附件或灯具，必须安装在不燃烧的材料上，并与可燃物体有适当的距离。

（2）接地故障

接地故障是指回路中的相线和电气设备金属外壳，与地有良好连接的非电气的管道、结构以及大地间的短路，与一般短路相比，接地故障发生的几率要高得多，引起危险也大得多，一般短路会引起火灾，而接地故障不仅会引起火灾，而且会导致人身电击，灾难的严重程度也远远超过一般短路。所以，必须重视

对接地故障的防护，商业建筑照明线路既多又乱，很容易发生接地故障，应特别注意防护。我国新修订的《低压配电设计规范》规定："配电线路应装设短路保护，过负载保护和接地故障保护，作用于切断供电电源或发出警报信号"。

（3）线路连接不良

线路连接不良的原因是接触电阻过大，接触压力和接触面积不足，最易发生接头起火的是铝线的接头。由于铝线表面极易氧化，氧化层的电阻极高，与铜线连接时又易形成腐蚀等原因很容易连接不良而产生高温或打火而引发火灾。所以在线路安装施工时，必须严格按规范要求操作。

商场的特点是商品，货柜的位置要经常变动，灯具也跟着挪位，所以商场在装修时，就必须配置足够的插座在墙上和地板上，而且必须保证这些插座和插头等活接件的质量（图8-29）。

图8-29　商场室内外照明设计案例

第9章　办公建筑室内设计

办公建筑及其室内环境，从使用性质来看，基本可分为：

行政办公——各级机关、团体、事业单位、工矿企业的办公楼（图9-1）；

专业办公——设计机构、科研部门、商业、贸易、金融、投资信托、保险等行业的办公楼；

综合办公——含有公寓、商场、金融、餐饮娱乐设施等的办公楼。

办公建筑就其使用管理的方式而言，则可分为：单位或机构的专用办公楼，以及以完善设施、优质的服务吸引客户的出租办公楼，出租办公楼可分层或分区出租给不同客户，设计时应尽可能为客户按各自的需要自行分隔和装修创造条件。

9.1 各类用房组成、设计总体要求及发展趋势

9.1.1各类用房组成

办公建筑各类房间按其功能性质分，房间的组成

图9-1　某公司办公楼室内设计案例

一般有：

（1）办公用房

办公建筑室内空间的平面布局取决于办公楼本身的使用特点、管理体制、结构形式等，办公室的类型可有：小单间办公室、大空间办公室、单元型办公室、公寓型办公室、景观办公室等，此外，绘图室、主管室或经理室也可属于具有专业或专用性质的办公用的（图9-2）。

（2）公共用房

为办公楼内外人际交往或内部人员聚会、展示等用房，如：会客室、接待室、各类会议室、阅览展示厅、多功能厅等（图9-3）。

（3）服务用房

为办公楼提供资料、信息的收集、编制、交流、贮存等用房，如：资料室、档案室、文印室、电脑室、晒图室等。

图9-2 某大公司各类用房设计案例

图9-3 多功能厅装饰设计

（4）附属设施用房

为办公楼工作人员提供生活及环境设施服务的用房，如：开水间、卫生间、电话交换室等。

9.1.2 设计总体要求及发展趋势

对办公建筑室内设计各类用房的布局、面积比、综合功能的布局以及安全疏散等方面总的要求分列如下：

（1）室内办公、公共、服务及附属设施等各类用房之间的面积分配比例、房间的大小及数量，均应根据办公楼的使用性质、建筑规模和相应标准来确定；

（2）办公建筑各类房间所在位置及层次，应将与对外联系较为密切的部分，布置在近出入口的主通道处，如把收发传达设置于出入口处，接待、会客以及一些具有对外性质会议室的多功能厅设置于近出入口的主通道外，人数多的厅室还应注意安全疏散通道的组织（图9-4）；

（3）综合型办公室不同功能的联系与分隔应在平面布局和分层设置时予以考虑，当办公与商场、餐饮、娱乐等组合在一起时，应把不同功能的出入口尽可能单独设置，以免互相产生干扰；

（4）从安全疏散和有利于通行考虑，袋形走道远端房间门至楼梯口的距离不应大于22m，且走道过长时应设采光口，单侧设房间的走道净宽应大于1300mm，双侧设房间时走道净宽应大于1600mm，走道净高不得低于2.10m（图9-5）。

提高办公建筑室内环境的质量，充分关注现代办公建筑的发展趋势，是办公建筑室内设计必须着重考虑和了解的内容。

办公建筑室内环境应重视人及人际活动在办公空间中的舒适感和和谐氛围，适当设置室内绿化、布局上柔化室内环境的处理手法，有利于调整办公人员的工作情绪，充分调动工作人员的积极性，从而提高工作效率；室内空间组织时还应重视功能、设施的发展和更新，适当选用灵活可变的、"模糊型"的办公空间划分具有较好的适应性；办公室内设施、信息、管理等方面，则应充分运用智能型的现代高科技手段。

9.1.3 景观及智能型办公建筑

（1）景观办公室

景观办公建筑最早兴起于20世纪50年代末欧洲的德国，它的出现是对早期现代主义办公建筑技术设施条件（日益完善的室内空调、照明系统，大开间、大进深的结构柱网面布置等），现代办公设备的出现使办公性质由事务性向创造性发展，加之当时已开始重视作为办公行为主体的人在提高办公效率中的主导作用和积极意义，上述诸多因素使景观办公应运而生。

景观办公室具有工作人员个人与组团成员之间联系接触方便、易于创造感情和谐的人际和工作关系等

图9-4 办公室出入口主通道设计

图9-5 办公室走道设计

特点。现时办公室已借助电脑确定平面布局、组团和个人工作点的位置，从家具和绿化小品、艺术品等对办公室进行灵活隔断，且家具、隔断均为模式化，具有灵活拼接组装的可能。景观办公室是一种相对集中且又是有组织的自由的一种管理模式，它有利于发挥办公人员的积极性和创造能力，但较为自由和灵活的布局也常给结构柱网布置和设施管线铺设带来困难（图9-6）。

图9-6　景观办公室设计案例

图9-7　智能型办公建筑室内环境设计案例

（2）智能型办公室

智能型办公建筑通常应具有下列三方面设施性能特征与系统配置：

首先具有先进的通讯系统，即具有数字专用交换机及内外通讯系统，并能方便地提供各种通讯服务，先进的通讯网络是智能型办公建筑的神经系统。

其次是具有办公自动化系统，主要内容为每个工作成员都可以以一台工作站或终端个人电脑，通过电脑网络系统完成各项业务工作，同时通过数字交换技术和电脑网络使文件传递无纸化、自动化，设置与会成员不在同一地点的电子会议室（远程会议系统），OA系统的办公秘书工作往往通过计算机终端、多功能电话、电子对讲系统等来操作运行。

最后是建筑自动化系统，BA系统通常包括电力照明、空调卫生、输送管理等的环境能源管理系统；防灾、防盗的安保管理系统，以及能源计量、租金管理、维护保养等的物业管理系统。以上通称智能化办公建筑的"3A"系统，它是通过先进的计算机技术、控制技术、通讯技术和图形显示技术来实现的；也就是说，智能型办公楼必须具备以下四项基本构成要素，即：

高舒适的工作环境；

高效率的管理和办公自动化系统；

先进的计算机网络和远距离通讯网络；

开放式的楼宇自动化系统。

智能化系统的设计，常由与相应技术相关的专业设计单位来完成，但是由于这些设施系统往往对室内空间的组织与调整，室内界面的留孔、留空间隙处理，以至照明、空调、通讯等强弱电线路布置紧密相关，因此现代办公建筑的室内设计必须与相关设施工种协调沟通，在室内空间与界面的设计时予以充分考虑与安排。

智能型办公建筑内环境设计的核心，应该是确立"以人为本"的观念，充分运用现代科技手段，并且重视借景于室外、设景于室内，设置易于和人们沟通的绿化与自然景观，创造既符合人们心理，又具有高科技内涵，安全、健康、舒适、高效的现代室内办公环境（图9-7）。

9.2 办公室

办公室的室内设计应以所设计办公楼的具体功能特点和使用要求，柱网开间进深、层高净高的尺寸（或由承重墙、剪力墙等围成的空间）、选定的设施设备条件以及相应的装修造价标准等因素作为设计的依据。

9.2.1 设计要求

办公室室内设计的具体设计要求有：

（1）办公室平面布置应考虑家具、设备尺寸，办公人员使用家具、设备时必要的活动空间尺度，各工作位置，依据功能要求的排列组合方式，以及房间出入口至工作位置、各工作位置相互间联系的室内交通过道的设计安排等。

（2）办公室平面工作位置的设置，按功能需要可整间统一安排，也可组团分区布置，各工作位置之间、组团内部及组团之间既要联系方便，又要尽可能避免过多的穿插，减少人员走动时干扰办公和工作。

（3）根据办公楼的等级标准的高低，办公室人员常用的面积定额为$3.6 \sim 6.5 m^2/$人，据上述定额可以在已有办公室内确定安排工作位置的数量（不包括过道面积）。

（4）从室内每人所需的空气容积及办公人员在室内的空间感受考虑，办公室净高一般不低于2.6m，设置空调时也不应低于2.4m；智能型办公室室内净高，甲、乙、丙级分别不应低于2.7m、2.6m、2.5m。

9.2.2 布置分类

从办公体系和管理功能要求出发的，结合办公建筑结构布置提供的条件，办公室的布置类型可分为：

（1）小单间办公室

小单间办公室，即较为传统的间隔式办公室，一般面积不大（如常用开间为3.6~4.2m、6.0m，进深为4.8m、5.4m、6.0m等），空间相对封闭。小单间办公室的室内环境宁静，少干扰，办公人员与相关部门及办公组团之间的联系不够直接与方便，受室内面积限制，通常配置小单间办公室适用于需要小间办公功能的机构，或规模不大的单位或企业的办公用房，根据

图9-8 小单间办公室空间设计

图9-9 大空间办公室空间装饰

使用需要，或机构规模较大，也可以把若干个小单间办公室相结合，构成办公区域（图9-8）。

（2）大空间的办公室

大空间的办公室有利于办公人员、办公组团之间的联系，提高办公设施、设备的利用率，相对于间隔式的小单间办公室而言，大空间办公室减少了公共交通和结构面积，缩小了人均办公面积，从而提高了办公建筑主要使用功能的面积率（图9-9）。

（3）单元型办公室

单元型办公室在办公楼中，除晒图、文印、资料展示等服务用房为公共使用之外，单元型办公室具有相对独立的办公功能。通常单元型办公室内部空间分隔为接待会客、办公（包括高级管理人员的办公）等空间，根据功能需要和建筑设施的可能性，单元型办公室还可设置会议、盥洗厕所等用房（图9-10）。

（4）公寓型办公室

以公寓型办公室为主体组合的办公楼，也称办公公寓楼或商住楼。公寓型办公室的主要特点为该组办公用房同时具有类似住宅、公寓的盥洗、就寝、用餐等的使用功能。它所配置的使用空间除与单元型办公室类似，即具有接待会客、办公（有时也有会议室）、厕所等外，还有卧室、厨房、盥洗等居住必要的使用空间。

公寓型办公室提供白天办公、用餐，晚上住宿就寝的双重功能，给需要为办公人员提供居住功能的单位或企业带来方便。

（5）景观办公室

景观办公室，如本章第一节所述，为景观办公建筑中的主体办公用房。景观办公室室内家具与办公设施的布置，以办公组团人际联系方便、工作有效为前提，布置灵活，并设置柔化室内氛围、改善室内环境质量的绿化与小品（图9-11）。

图9-10　总经理办公室

景观办公室较为灵活自由的办公家具布置，常给连通工作位置的照明、电话、电脑等管线铺设与连接插座等带来困难，采用增加地面接线点或铺设地毯覆盖地面走线等措施能有效改善上述不足。

9.2.3 界面处理

办公室室内各界面的处理，应考虑管线铺设、连接与维修的方便，选用不易积灰、易于清洁、能防止静电的底、侧界面材料。界面的总体环境色调宜淡雅，如中间略偏冷的淡水灰、淡灰绿，或中间略偏暖的淡米色等，为使室内色彩不显得过于单调，可在挡板、家具的面料选材时适当考虑色彩明度与彩度的配置（图9-12）。

（1）底界面

办公室的底界面应考虑走步时减少噪声，管线铺设与电话、电脑等的连接等问题。底界面可为水泥粉光地面上铺优质塑胶类地毡，或水泥地面上实铺木地板，也可以面层铺以橡胶底的块毯，使扁平的电缆线

设置于地毯下；智能型办公室或管线铺设，要求较高的办公室，应于水泥楼地面上设架空木地板，使管线的铺设、维修和调整方便，但设置架空木地板后的室内净高也相应降低，高度仍不应低于2.40m；由于办公建筑的管线设置方式与建筑及室内环境关系密切，因此室内设计时应与有关专业工种相互配合和协调（图9-13）。

（2）侧界面

办公室的侧界面处于室内视觉感受较为显著的位置。造型和色彩等方面的处理仍以淡雅为宜，以有利于营造舒适的办公氛围，侧界面常用浅色系列的乳胶漆涂刷，也可贴以墙纸，如隐形肌理型单色系列的墙纸等，有的装饰标准较高的办公室也可用木胶合板作面材，配以实木压条，根据室内总体环境以及家具、挡板等的色彩和质地，木装修的墙面或隔断可选用以柳安、水曲柳为贴面的中间色调，或以桦木、枫木为贴面的浅色系列。色彩较为凝重的柚木贴面，通常较多地用于小空间、标准较高的单间办公室内（图9-14）。

图9-11　景观办公室一隅

图9-12　办公室的界面处理

图9-13　办公室地面设计

（3）顶界面

办公室顶界面应质轻并具有一定的光反射和吸声作用，设计中最为关键的是必须与空调、消防、照明等有关设施工种密切配合，尽可能使吊平顶上部各类管线协调配置，在空间高度和平面布置上排列有序，例如吊顶的高度与空调风管高度以及消防喷淋管道直径的大小有关，为便于安装与检修还必须留有管道之间必要的间隙尺寸。同时，一些嵌入式的吸顶灯的灯座接口、灯泡大小以及反光灯罩的尺寸等也都与吊平顶具体高度的确定直接有关。轻钢龙骨和吊筋的布置方式与构造形式也需与吊平顶划块大小、安装方式等统一考虑，吊平顶常用具有吸声性能的矿棉石膏板、塑面穿孔吸声铝合金板等材料。具有消防喷淋设施的办公室，还需经过水压试测后才可安装吊顶面板。

9.2.4 室内物理和心理环境

对办公人员的身心健康和工作效率关系最为密切、影响最大的因素，是办公室内的物理和心理环境。

（1）办公物理环境

办公室室内的热、光、声、空气质量等物理因素的综合，构成办公室的物理环境，现代办公室的室内环境设计，十分重视各项设施、设备的合理选用和配置，以创造符合人们卫生要求和舒适程度的室内物理环境。

从室内设计与装修构造及选材的角度看，办公室内风口位置如何合理布置，门窗的密闭性和选用怎样的窗帘遮阳，界面选用何种材料才能真正起到隔声及吸声效果等，都将与办公室内物理环境的整体品质密切关联。

（2）办公心理环境

影响室内办公人员心理感受的因素很多，室内空间的大小和形状，室内采光照明和界面选材等形成的整体光色氛围，办公设施的形状、材质、色彩等的视觉感受，以及这些家具设施和办公人员身体各部位接触时的感受

图9-14 办公室墙面设计

等等。合适的空间尺度比例，明快和谐的色调，以及简洁大方的造型和线脚，常会给办公人员带来愉悦的心理感受。一定比例的自然光、室内绿色植物、家具挡板中适当配置木质材质，以及透过窗户映现的天空和自然景色，常给室内人们带来亲切、自然、轻松，有如人和环境能情意沟通的感受（图9-15）。

9.3 会议室、绘图室、经理或主管室

9.3.1会议室

会议室中的平面布局主要根据已有房间的大小，要求会议入席的人数和会议举行的方式等来确定，会议室中会议家具的布置，人们使用会议家具时近旁必要的活动空间和交往通行的尺度，是会议室室内设计的基础。

会议室底界面的选材及做法基本上可参照办公室底界面的做法；侧界面除以乳胶漆、墙纸和木护壁等材料的做法以外，为了加强会议室的吸声效果，壁面可设置软包装饰，即以阻燃处理的纺织面料包以矿棉类松软材料，使室内的吸声效果改善，会议室语言的清晰度也有所提高；顶界面仍可参照办公室的选材，以矿棉石膏或穿孔金属板（板的上部可放置矿棉类吸声材料）作吊平顶用材，为增加会议室照度与烘托氛围，平顶也可设置与会议室桌椅布置相呼应的灯槽（图9-16）。

9.3.2绘图室

具有设计、绘图等专业功能的工作室，除了家具的规格和设置方式以及光照方面的要求，须有符合设计、绘图的相应要求外，绘图室在空间组织和界面设计方面均可参照一般办公室的处理手法。

设计、绘图用家具有绘图桌、侧桌及绘图凳组成，室内沿墙常设置图纸柜（图9-17）。

绘图室宜以自然采光与人工照明相结合以改善室内的氛围，有条件时应尽可能争取绘图桌处能有左侧自然光，工作面的照度宜不低于300lx。

9.3.3经理或主管室

经理或主管室为机构或企业主管人员的办公场所，具有个人办公、接待等功能，其平面位置（虽也兼具接待功能）应以办公楼内少受干扰的尽端位置为宜。根据主管办公室的规格和管理功能的需要，有时需配置秘书间，室内通常设接待用椅或放置沙发茶几的接待区。

经理或主管室室内设计和建筑装修所确定的风格，选用的色调和材料，施工制作的优劣，即室内整体的风格品位，也能从一个侧面较为集中地反映机构或企业的形象。经理或主管室界面装饰材料的选用，通常地面可为实铺或架空木地面，或在水泥粉光地面铺以优质塑胶类地毯，墙面可以胶合板面层辅以实木压条，或以软包作墙面面层装饰（需经阻燃处理），以改善室内谈话音响清晰效果（图9-18）。

9.4 办公室内环境照明

9.4.1 办公室的光环境

办公室的光环境非常重要，在办公族的职业人群中，每天有大约1/3的时间要用于阅读资料、书写

图9-15 办公室内合适的空间比例，明快和谐的色调，简洁大方的造型给人以舒适、轻松的环境感受

图9-16　会议室装饰设计案例

图9-17　绘图室环境设计案例

图9-18　经理室装饰设计案例

文件、批发文稿、操作计算机或是进行实验研究和各种设计，这些作业活动都有其自身的视觉要求，因此有必要进行相应的照明设计，一是创造良好的视觉环境，以提高办公效率；二是有利于工作人员的身心健康，以加强人们的工作兴趣和热情（图9-19）。

（1）照度

对于大量的办公室工作而言，作业面是水平的，离地面的高度在0.75m和0.85m之间，由于往往在同一个办公室内要同时进行多种办公作业，很难采用同一个照明水平来满足所有工作人员的要求，因此，可以高制调节局部照明来实现。

办公室照明对均匀度也有一定的要求，对于一般照明的情况，非工作区的平均照度不应低于工作区的一半，且不小于350lx，对于两个相邻的区域，平均照度的比值不能超过5：1，而且低照度区域的照度至少应为150lx。

（2）亮度和眩光

办公室的光环境，如果亮度的差别太大，就会引起视觉适应的问题，极端的情况下就会产生眩光，相反，如果亮度差别太小，整个环境就会显得呆板，整个视场中亮度比值在10：1和3：1之间为好，而各种视觉作业与其相邻近的背景之间亮度比应<3：1> 1:1。否则与室内的总体亮度相比，如果光源、灯具、窗户或其他区域太亮的话，就会产生眩光。

9.4.2 普通办公室的照明

（1）一般照明

通常办公室都是比较大的，而且办公室设备的布置也不是固定的，这些设备常要重新排布，分隔间的隔板也可能要添加，撤走或移动，不管办公设备如何

图9-19　办公室各环节整体照明设计案例

布置，都要保证所有工作位置能得到合适的照明，最好的方法当然是采用一般照明，一般照明是通过规则排列嵌入或有吸顶式荧光灯具来实现的，灯具呈直接状排列式网格状布置，后一种灯具布置方式，照明更加无方向性（图9-20）。

（2）局部照明

局部照明可以为作业区提供明亮均匀的照明，配备了局部照明，可以适当地降低一般照明的水平，通常一般照明和局部照明对作业区的照度贡献各占50%（图9-21）。

9.4.3 单体办公室的照明

单体办公室的照明与普通办公室的照明在不少方面有相似之处，但两者又有很多的不同，对单体办公室的照明，除考虑其功能性外，还要突出表现其艺术效果和办公主人的个性。

主照明系统应该为写字台及其周围提供良好的照明，房间内的其余部分则由辅助照明系统来产生合适的亮度分布，对室内的照明系统应能进行开关和调光控制，以便能根据不同工作的需要而适时给予不同的光照环境。

对于一些办公室的装饰物，如供观赏的植物、壁挂、画作等，可以使用安装在顶棚上的窄光束聚光灯作定向照明，突出这些装饰物，为了显示墙壁的材质、纹理和颜色的深浅变化，可使用宽光束的洗墙灯进行大面积的照明（图9-22）。

9.4.4 工作室的照明

在电脑工作室内的显示器屏幕是一个重要的作业区，室内高亮度的物体或区域，如灯具和窗户，会经过反射在屏幕上形成它们的图案，从而降低屏幕上文字和图案的可见度。为了减少这种反射效应，可以调节电脑和灯具之间的相对位置，但最重要的还是要选择合适的布灯方式。布灯方式有直接照明和间接照明之分（图9-23、图9-24）。

（1）间接照明

间接照明提供向上的光通量，可以照亮墙壁、顶棚和家具，因此，在照明的状况下，依然可以随意安排电脑的位置。

但是同于积聚在灯具上的灰尘会因空气的对流而将顶棚弄脏，这样会导致照明水平下降，从而降低照明效率，当然还应注意顶棚低，办公室层高空间，照明均匀度等问题。总之，间接照明应让人感觉舒适、惬意。

图9-20　办公室一般照明方式

图9-21　会议室照明效果

（2）直接照明

直接照明效率更高，并且不会像间接照明那样容易
沾染灰尘，而且，嵌入式灯具可通过顶棚散热，使室内
温度保持在最低。

图9-22　董事长或总经理办公室灯光环境

图9-23　直接照明方式

图9-24　间接照明方式

第10章 观演建筑室内设计

观演建筑是群众文化娱乐的重要场所，常用作城市中主要的公共建筑而建于市中心区或环境优美的重要地段，成为当地文化艺术水平的重要标志。本章仅就剧场、电影院的观众厅及音乐厅的室内设计进行一些分析。

10.1 剧场、电影院的观众厅及音乐厅设计原则

10.1.1具有良好的视听条件

看得满意、听得清楚，是观众对观演建筑的最基本要求，也是观演建筑设计成败的关键。室内设计必须根据人的视觉规律和室内声学特点解决视听问题，因此观演建筑室内设计具科学性。

10.1.2创造高雅的艺术氛围

历史上许多著名的剧院、音乐厅，都从内到外倾注了建筑师和艺术家的高度智慧和心血而成为建筑艺术精品流传于世。我们当然不苛求建筑环境艺术气氛完全和演出艺术作品内容一致，但从环境意义上说观演建筑室内设计应具有一定的艺术性，使之与演出形成一个高雅的艺术文化氛围（图10-1）。

10.1.3建立舒适安全的空间环境

许多演出往往长达几小时甚至半天，观众也常达千人之多，因此要求室内具有良好的通风、照明，宽敞舒适的空间和坐席，安全方便的交通组织和疏散设施，使观众能安心专注地观赏演出，是十分重要的。

10.1.4选择适宜的室内装饰材料

选择室内装饰材料应既能满足声学要求，又有良好的艺术效果，把装修艺术和声学技术结合起来，充

图10-1 某音乐厅的装饰设计

分体现观演建筑室内艺术的特征。

10.1.5 避免外部环境的噪声

外部主要是环境噪声，因此对门厅、休息厅等尽量和外部形成封闭式空间，而对观众厅的对外出入口应设置过渡空间，使观众厅周围的出入口均起到"声锁"的作用。其次是通风、空调等机电设备发出的噪声应使设备房间远离观众厅或进行充分有效的隔声措施，设立必要的消声器、减震器等，以避免空气传声和固体传声（图10-2）。

10.2 剧场、电影院的座位布置和视线设计

要使观众能满意地欣赏表演，首先要看得清楚。根据不同演出有不同的要求。

（1）如话剧、小品等许多细致的面部表情举止很重要。

（2）对大型演出如歌舞等，希望能看到完整的整体动作和表演。

（3）对演员特别是电影画面，要求不变形和有良好的视觉。

10.2.1 偏座的水平控制角

为控制偏座的水平控制角（由台口两侧向观众厅同侧各引一直线，二线相交的夹角），观众席应布置在此区域内，根据不同剧种宜控制在28°～50°之间。电影院的水平控制角，由银幕二端各作45°线（图10-3～图10-5）。

10.2.2 首排观众距舞台或银幕的距离

在剧院中以水平视觉而定（指观众眼睛与台口两侧边缘连线所形成的夹角β）。因人的清晰视觉为30°，转动眼睛的最大清晰度为60°，因此最佳坐席范围在30°～60°之间，最前排β应不超过120°。在电影院中，普通银幕的头排距离为银幕宽度的1.5倍，宽银幕的头排距离为宽银幕宽度的6/10。

10.2.3 观众的最远视距的控制

根据人的眼睛，在视距超过15m时，对演员的面部表情就很难看清楚，而对话剧、小品、滑稽剧等剧

图10-2 音乐厅门厅设计

图10-3 电影院两边夹角设计

图10-4 观众距舞台的距离

图10-5 电影院的水平控制角

种演员的面部表情和细致动作非常重要，因此最好以此为界，而对其他不强调这方面要求的观众厅，一般按等级控制在23～38m之间，一般剧院33m，话剧院25m，大型歌舞剧院可达38m以上。为了缩短剧场观众厅的最远距离，常由镜框式舞台发展成突出式或中心式舞台，这种舞台缩短了演员和观众的距离，使观众与演员间感情可以更好地交流。当然这也带来其他问题，如演员有可能背向观众，使声学处理的复杂化。

电影院的最远距离，在普通电影院中为银幕宽度的5倍，在宽银幕电影院中为25 W。

10.2.4 对俯角和仰角的控制

观众的仰视、俯视都不利于看清目标，有时还会引起不适，仰视常出现在前排观众，俯视常出现于楼座最远排观众。

剧院中的俯角 α，为观众眼睛至大幕在舞台面投影线中点的连线与台面形成的夹角。

人的正常俯角为15°，转动眼睛时为30°。

话剧等宜控制在20°左右，歌舞、音乐最大不超过30°。

在电影院中仰角为第一排观众视线与银幕上线的夹角，宜控制在不小于45°（图10-6～图10-8）。

10.2.5 使观众能正面对向舞台

为使观众不以不舒适的侧身坐姿面向舞台，因此横排座位应有一定曲率，使每位观众都能正对表演区，剧场的曲率半径R≥2S（S为最大视距），宽度不大的观众厅，后部座位可以采用直排式。

10.2.6 无阻挡视线设计

剧院、电影院观众厅地面均有一定的坡度，使后排观众能通过前排观众头顶无阻挡地看清舞台或银幕，就应做出地面升高的计算。

剧院的设计视点应在舞台表演区的前沿中心，

图10-6　观众席的水平视角

图10-7　楼座的最大俯角

图10-8　楼座的最大仰角

一般定在舞台面大幕线的中央，也有定在脚灯的边缘处、旋转舞台的圆心。其高度一般定在舞台面上，有时也可定在高出舞台面10cm处，舞台高度一般为1~1.2m（图10-9）。

电影院设计视点应定在银幕下缘中点（银幕下缘距第一排观众地面的高度一般为1.5~1.8m）。视点愈低，愈靠近台口，地面坡度愈陡。观众视线高于前排眼睛的数值以"c"表示。

常数c=12cm

但如果考虑人体尺度平均值的差异和不利组合可能造成的遮挡，可选择较大的c值（c=13或14cm）。

如果已知：

（1）观众眼睛距地面h=1.1m。

（2）排距f=一般长排法，排距为90~115cm；一般短排法，排距为75~90cm；楼座排距应不大于90cm。

座椅宽一般为46~50cm，如为软座，应再适当加大（长排法，两侧与走道为50座；短排法，一侧有走道为90座）。

（3）第一排观众距设计视点的距离α；

第一排观众眼睛与舞台面的高差b。

（4）舞台面高度h=h'-b。

即可用作圈法或相似三角形数解法计算出地面升高曲线。

根据相似三角形原理：

　　△OAD∽△OBE

　　∴ OD：OE=AD：BE

即　α=x₁（b+δ）y₁则y₁=（b+δ）x₁/a

同理x₁：x₂=（b+δ）y₂则y₁=（y₁+δ）x₂/x1

……同yₙ=（yₙ-1＋δ）xₙ/xₙ-1

从图中知Hₙ=（yₙ+h）-h'

即Hₙ=yₙ+（h-h'）=yₙ-b

某电影院共21排，排距为0.9m。第1排至银幕6m，银幕底边高于第1排观众眼睛1.5m。

从题目中：已知　a=600cm

　　　　　　　　b=150 cm（在设计视点水平以下）

　　　　　　　　f=90crn

　　　设　　δ=12cm

以5排为一组计算，列表计算如下：

此外对电影院说来，为保持正常的画面，还应控制放映角α（即放映光轴与银幕法线的垂直夹角）（图10-10）。

一般普通银幕α≤120°，宽银幕α≤100°。

图10-9　剧院舞台设计

图10-10　电影院观众席位

10.3 剧院的声学设计和混响时间计算

10.3.1对音质的要求

对演出不同的剧种有不同的音质要求，以语言为主的，如话剧、电影等要求较高的清晰度，而对音乐、歌舞还要求声音的丰满度、亲切感和融合感，对交响乐队演奏还须要求演奏者彼此能互相听闻，以保证音乐的协调统一性。对多功能的剧院还须协调各方的特点进行适当调整。

（1）有足够的音响强度

不用电声系统的自然声所发出的能量毕竟是有限的，但自然声更为真实和亲切，因此为了保证自然声有足够的响度，应恰当控制建筑容积，合理设计空间体形，控制从台口至最远坐席的距离，并在保证直达声能到达各观众席位外，还应充分利用早期反射声（即与直达声间隔时间小于50ms）。特别是离声源较远的观众更为重要，以加强音响的响度。

（2）有较高的清晰度

清晰度与恰当的混响时间（声源停止发声到室内的声能密度下降60dB所需的时间，后期反射声互相间的间隔较小，好像是混在一起一样，称为混响声）有直接关系。混响时间过长，前面音节的余音将掩盖后面的音节，使不能听清楚，如混响时间过短，即意味着室内吸声量极大，也会因声音强度降低而听不清楚，因此，对不同的剧种，有不同的混响时间要求。

（3）优美的音质

如"丰满度"主要是有适当的混响时间，此外，低频混响声使声音有温暖饱满感，音频混响声使声音比较明亮。

"亲切感"主要决定于早期反射声的延长时间，一般认为在20nm左右。

"室内效应"则决定于是否有适当的多方向短延时反射声和扩散声。

"融合性"使听众能听到乐队整体协调的声音效果，这与舞台的声反射罩的设计有关。

（4）无不良的声缺陷

声缺陷指回声、声聚焦等。当反射声具有一定的强度，而且它与直达声之间的时差较大时，则能清晰地听到回声，而声音聚焦是由于凹曲面反射造成的。导致声场的分布不均，因此在平面空间设计时应设法避免。为了控制混响时间和不用电声系统时发挥自然声的最大效果，必须对观众厅容积加以控制，演讲、会议应在2000m³以内，一般戏剧对自在6000m³以内，独奏（唱）、多重奏和小合唱在8000m³以内，乐器演奏和合唱在10000m³以内，大型交响乐队在20000m³以内。同时也以每观众所占容积计算，如音乐厅为6～8m³/座（室内音乐和合唱音乐5m³/座，交响乐7～8m³/座）、话剧为3.5～4.5m³/座，综合性演出为4.5～6m³/座，电影、会议为3.5～4m³/座，地方戏4.5m³/座，歌剧为5.5～6m³/座。这里考虑了观众本身的吸声作用。

为了充分利用直达声，应首先控制观众厅长度。尽可能缩短观众与声源的距离。一般观众厅长度应在33m以内，并尽量控制偏座，以适应高频声源具有指向性的特点。同时应使观众厅地面有足够的倾斜，使直达声不被遮挡而达到每个席位（图10-11）。

为了避免"声影"（即由于楼座出挑的原因使来自顶棚的反射声不能到达楼座下部的观众席），因此必须控制楼座出挑的深度，一般音乐厅出挑深度D应小于或等于挑台下面的高度H，一般多功能厅D应小于2H。

为了使声场分布均匀，使观众能听到来自各方声音，加强立体感，观众厅内应作适当的扩散处理，也可利用建筑装饰，如壁龛、藻井、雕刻、圆柱、豪华灯饰等，起到扩散作用。

10.3.2混响时间计算

混响时间的计算，常用赛宾公式：

$$T = V/A \times 0.161 \ (s)$$

式中　T——混响时间，以s计；

　　　A——室内总的吸声量；

　　　V——房间容积

此公式适用于吸声能力较弱，即吸声系数比1小得多的场合。

对吸声能力较强的房间，常用伊林公式：

$$T60 = 0.161V/-Sln \ (1-\alpha) +4mV \ (s)$$

式中　T60——混响时间，以s计；

　　　V——房间容积；

　　　S——房间表面积；

　　　m——空气衰减系数；

　　　α——平均吸声系数，$\alpha = \sum Sa / \sum S$。

在计算观众厅混响时间时，还应考虑空气吸收的因素。

10.4 不同类型影剧院声学设计要求

10.4.1剧院

（1）座位和座位间过道的布置应尽可能紧凑，以减少后排座位到舞台的距离。

（2）对视线说来，宽的观众厅比长的观众厅使观

图10-11 剧院观众厅池座设计

众更接近舞台，扇形平面对已给定的座位数和视线角度来说，观众厅的长度可减到最小。但必须注意检验其侧墙早期反射的实际效果。

（3）设楼座同样也可减少最远座位到舞台的距离，但也不能使楼座深到对后座产生声影。

（4）对适于现代演出的技术来说，最远座位至表演区中心距离，不能超过30 .48m。

一般超过22.86m，演员的面部表情就看不清楚，22.86m也是较好的声学的标准。

（5）希望有一个台唇，它不仅能有助于在舞台顶部反射下的表演，而且当演员在舞台后部时它可当作一个反射面。

（6）"开敞式舞台"的产生，为优良声学提供了最好的机会，但上面的顶棚或反射面必须是向外八字形张开的，在环形剧院中，座位围绕舞台布置，演员将总是把背转向一部分观众。可能的话，反射面应设置得使演员的声音反射回来，但此反射面必须约在演员的6.1m范围内，以避免回声或颤动回声，如不邀样就应像某议会会场那样处理，在舞台和观众的头几排

之上设置一低的水平反射面。

（7）观众厅池座应有恰当的倾斜，并至少应使每个观众通过前排人有清晰的视线（图10-12）。

（8）楼座也应倾斜，以便提供在表演区前部有清晰的视线。

（9）包括顶棚在内的顶上的反射面，应设计得使对观众厅后部的声音渐旅增强，可采用多个反射面来使声音渐次增强，或者也可将反射面作分段处理，使声音按比例分布，这样处理不但能改进观众厅的混晌性质，并可供通风和间接照明之用。反射面应尽可能低至符合实际和美学的要求。

（10）对于镜框式舞台，应记住设计反射面，这种"假台口"高度很少超过5. 5m的。

（11）侧向反射面，除非平面上是凸圆形的，否则，当演员横向移动时，会使声音增强，产生显著的不稳定性。

（12）不作反射面的表面应是扩散的。

（13）齐头顶水平面以上的后墙应是吸声的，如为曲面应是扩散的。

图10-12 音乐厅舞台构建设计

（14）楼座栏板以及面向舞台的任何其他表面面饰应是吸声的。

（15）阻止从观众厅后面凹角产生的回声，这类凹角在平、剖面上都能出现。

（16）乐池可以部分在前台下，但应以共振镶板装衬。

（17）座位尽可能做成吸声的。

（18）混响时间应在1～1.5s之间，它决定于剧院大小，并考虑排演的条件。

10.4.2歌剧院

（1）应把剧院和音乐厅的要求结合到歌剧院的设计中去，并参考下列条款。

（2）意大利的传统仍然影响着现代歌剧院的形式，并赋予独特的性格，并在这种场合使人有高贵的感觉。扇形平面很适合声学要求，并容易获得良好的视线。

（3）歌剧表演的形式影响到形式的确定和楼座的布置，意大利多层楼座的马蹄形平面，对所有墙表面提供了高的吸声级。

（4）即使能够满足多层楼座上有良好的视线和直达声程，还必须注意，与现代话剧院相比，歌剧院的歌声的强度和清晰度，都应稍微大一些。

（5）即使因此而减少楼座的数量，也应使池坐席的倾斜度比常规的要更陡。

（6）楼座应避免声影和无混响低凹处。

（7）提供头顶上的反射面，以便给歌手们尽可能多的帮助，在多层楼座布置中，过高的顶棚最好是做成扩散面，在台口上的凸形反射面或一组反射面，应设计得把声音反射到所有楼座上去。

（8）有台唇的舞台有两个优点，一是使歌手更接近听众，同时头顶上的反射面更有效，能改善直达声；二是当歌手在舞台后方时，它能成为一个反射面。

（9）如果顶棚较高，采用扩散或吸声处理以避免回声或颤动回声。对能引起严重的延迟反射声聚焦的高的浅圆顶也应如此处理。

（10）不能遮挡直达声的后墙应作吸声处理，对于位于高处的后墙，由于在墙面和顶棚之间二次反射能引起的回声，也应吸声处理。

（11）侧墙应作扩散处理，如有包厢，其表面应作立体造型。

（12）乐池应部分在台口下面，并应用木镶板装衬，以便吸收低频和增加弦乐器的共振。

（13）坐席应尽可能是吸声的，以便在排演时减少混响。

10.4.3中心式舞台剧院

（1）这类剧院一般比传统剧院小，观众布置在四周围，座位排数相当少。

（2）然而当演员背向观众时，后排观众听起来很困难，因此，依然希望在座位布置上要很紧凑。

（3）观众厅的形式大部分决定于舞台形式和演员和观众的入口位置，近似方形或圆形的观众厅，使后排座位距离都相等，声学上也较好。

（4）由于减小了后排座位的距离，只需要反射面，因为演员经常会背着部分观众，在舞台上的顶棚应做成低水平面的或浅碟型的反射面，或者在舞台四周上面作成角反射面。

（5）其顶棚应是扩散的。

（6）所有墙面均应吸声，如采取圆形平面，其表面也应是扩散的。

（7）舞台一般要求与第一排座位处于同一水平，为了获得良好的视线和优良声学效果，池座的倾斜度比一般传统剧院应更陡。

（8）虽然舞台与观众厅地面处在同一水平面上，但舞台必须是共振的木结构。

（9）座位尽可能是吸声的。

（10）混响时间应在0.75～1s，决定于观众厅的大小。

10.4.4正常复制声电影院

（1）电影院的平面形式，受视线的影响甚至比剧院更大，因而常做成较长的比例或较狭的扇形形式。

（2）在要求有很多观众的情况下，可设置楼座以减少最远座位至银幕的距离。由于扬声器具有指向性，因此可容许楼座悬挑较深。

（3）虽然声音可提高到使后面座位达到任何一声级。但结果完全有可能不能满足前面的座位，因此在头顶上的反射面或整个顶棚应设计得使声音逐渐增强，顶棚可作得比剧院里的更精确，因为电影院的声源位置是固定的。

（4）扩音器应在接近银幕中心背后。

（5）两侧墙应为扩散面，并为了降低混响的需要，有的地方应有吸声材料。

（6）后墙必须是吸声的和扩散的。

（7）如果所有的观众对银幕底边都有清晰的视线并且扩音器也不是太低，地面倾斜可比剧院里小些。

（8）防止一切来自交角处的回声。

（9）银幕后任何表面应做成吸声的。

（10）应考虑到观众多少的变化，并且座位应尽可能做成吸声的。

（11）混响时间不应超过ls，因为混响是要求加进录音带的。

10.4.5 立体声电影院

（1）自从扩音器分布在观众厅的所有周围后，立体声的引用改变了整个解决电影院的声学设计的途径。

（2）"方向性效果"不受反射面干扰是至为重要的。

（3）方法是包括银幕周围的一切墙面必须是吸声的，或扩散的。

（4）不宜用"方向性形式"的顶棚，应做成近乎水平的和扩散的表面是合理的。

（5）按上面的处理，当可阻止回声和驻波，但设计必须避免产生回声的墙角和楼座栏板的反射。

（6）无论如何，在设计普通复制声电影院时，应估计到以后应用立体声装备的可能性。

（7）在立体声电影院的银幕上部，设有一个可伸缩和可反转的反射面，是一个合理的折中办法。

（8）应考虑到观众多少的变化，并且座位应尽可能做成吸声的。

（9）可能的话，电影院设计应使扩音器朝向观众厅后面，而不要太靠近近旁的座位。

（10）混响时间不应超过1s，因为必要时混响是要求加进录音带的。

10.4.6 数字影院

信息的数字化是计算机工作的基本原理，即将数字、符号、数据声音、影像等各种信息转化成二进制的"0"、"1"代码，每一个"0"或"1"相当于一个比特（bit作为信息的DNA，数字革命所组成的新世界基本粒子）的信息量。以数字形式传递和储存。因此数字化，即把一个模拟信号转化为数字信号的过程。

现代科技的发展可使声电、光电换能，即声音和光的图像可以转换成电信号。

在图像扫描、图像和光电之间旋转时能把图像分解成许多像素（图像的单元电子光敏元件），像素越多越清晰。

数字影院就是一个利用数字技术即通过物理媒体（如DVD-ROM）发射，或电子传输方法（通讯卫星）传输全屏运动图像（音／视频）的集成系统，经授权的影院自动地接收加密和压缩的数字化节目，并将它存储在硬盘存储器中，在每次播放时通过一个局域网（LAN）从硬盘存储器中读取数字化信息，再解密解压，并利用能播放的高质量数字节目的数字放映机进行放映。

数字影院系统包括了很多先进技术：压缩、电子安全方法、网络结构和管理、传输技术和有价值的硬件、软件和集成电路设计等，因此，数字电影放映系统在安装和维护上是相当复杂的。据估计，当首次播放达到500～1000个影院时，利用卫星系统在经济上是可行的。

10.5 影剧院、礼堂照明

10.5.1 设计要点

影剧院和礼堂不仅用于放映电影，进行舞台表演，而且用于主席台、报告厅等使用，对其进行照明设计的要点是：

（1）影剧院和礼堂的照明重点是舞台照明，它注重于功能性照明（图10-13）；

（2）门厅的照明注重于装饰性，给观众第一印象和影响观众是否进入影剧院使用花吊灯，显得较豪华，一般影剧院可以使用格栅发光顶棚或光带，这样比较经济，而且有很开阔的视野（图10-14）；

（3）对于不同用途场所，如观众厅，有不同用途时，应进行合理的设计，以满足不同用用途的照明要求，使用调光或控制线路，可以根据需要开关一定数量的照明器，调节照明水平（图10-15）；

（4）应设计事故疏散照明，其主通道的照度不应低于0.5lx。

10.5.2 照明标准

影剧院、礼堂的照度标准是指剧场内各内空间照明的照度标准，并非舞台灯光的照度标准，观众厅的照度为50~70lx，没有考虑兼做报告厅的功能。如果考虑作为报告厅，照度应提高到200lx，以满足记录和看

图10-13 影剧院的舞台照明

图10-14 影剧院门厅照明

图10-15 观众厅的照明设计

资料等的需要，如果该会场开重要国际会议，照度应提高到300~500lx。有的礼堂兼作宴会厅使用，大型宴会厅照度宜为200~300lx，小型宴会厅150~200lx。

在观众厅内还应设置应急疏散照明灯和标志灯，安全出口标志灯等，疏散照明的照度不应低于0.5lx。

10.5.3 影剧院内各场所照明

（1）外观照明

影剧院为娱乐场所，通常需设计装饰照明，照明方法宜根据建筑物的外装饰造型以及现场条件确定，一般设置外景照明，但要求照度不宜太高，颜色要丰富多彩，气氛要生动活泼，以体现娱乐性，常用的照明手法有霓虹灯照明、动感照明、灯串照明、广告照明、泛光照明等。

（2）门厅照明

门厅是给观众第一印象的场所，建筑装饰标准较

高，但在演出过程中人们在前厅停留时间短，而且在进入观众席前照明不宜太亮，以使观众更快，更有效地适应视觉变化。因此，门厅照明照度过宜过度，通常要取照度75~100lx。如果大型剧院要求重点表现门厅时，也可将照度提高到150~20lx。

门厅照明设计可配合装饰设计进行，门厅照明采用较多的方式有花吊灯式照明、建筑化照明、藻井反射式照明等。也可采用格棚荧光灯照明及壁灯照明。

（3）观众厅照明

观众厅照明有许多种布灯方式，但灯的位置应与整个天棚相配合。

①多灯组合式照明。多灯组合式布灯是将灯具布置成图案，灯的图案与顶棚装修综合考虑，其特点是装饰性较强，但照明均匀性差。

②光带式照明。此方法是将灯管横向布置成光带，灯具采取嵌入式安装，这种方法不宜采取纵向光

带布灯。其特点是照度均匀，眩光少，尤其适合顶棚较低的观众厅，缺点是荧光灯调光较困难，可用改变灯数的方法调光。

③满天星式照明。这种形式的灯具为直接型配光，嵌入式安装和交错布置，呈现满天星式。光源采用金卤灯，当高度在5m以下时可采用小功率金卤灯，5m以上采用175~400w金卤灯，10m以上采用1000w金卤灯，其中可将少部分选为白炽灯或卤钨灯，作为场灯调光用，并可作为应急照明（图10-16）。

由于天棚和墙壁均较暗，可加设天棚角照明，这种方式节能，照度高，适合于多功能场所应用。

④荧光灯光带式照明

此方法是将荧光灯横向布置成光带，灯具为嵌入式安装，荧光灯光带不宜采用纵向光带布置，因为纵向光带使人感到深远，并且眩光较严重。这种方法的特点是照度均匀，眩光少，尤其适合顶棚较低的观众厅，一般顶棚高度在5m以下较适合。不过荧光灯调光较困难，可用改变灯数的方法调光，同时也可结合白炽灯壁灯进行调光，保证演出时灯光变化需要（图10-17）。

⑤多管荧光灯点状均匀布灯

将荧光与空调风口组合安装在一起布置，灯下装置格棚，整个灯具出风口内均涂以白漆或浅色油漆作为反射面，此种方式使灯的体型变大，造型美观。格棚凸出顶棚，灯具为半嵌入式，使天棚上的灯具有立体感，美化了顶棚，这种方法的造型优于普通嵌入工荧光灯。

⑥荧光灯的反射式照明

把天棚分成多功能段，将荧光灯隐蔽在顶棚内，形成反射式照明，使其看不见光源，只可见一条条发光的槽带，其特点是光线柔和，有发光天棚的感觉，装饰效果较好，但灯的效率较低，照度较低（图10-18）。

⑦荧光灯与场所调光结合布灯

采用多管荧光灯，灯具多呈方形，作一般照明，并设有专用场灯。

观众厅一般均设有壁灯作装饰照明，用以照亮两侧走道，并美化建筑物，壁灯采用白炽灯接到调光回路。

此外观众厅的安全十分重要，为防止灯具掉下伤人，一般宜选带格棚的灯具，如果是圆形灯具可加保护网，保护网应用细不锈钢丝垫压焊接制成。

图10-16 满天星照明方式

图10-17 荧光灯带式照明方式

图10-18 天棚发光灯槽